别装得无懈可击，却活得软弱无力

赵德昊——著

国际文化出版公司
·北京·

图书在版编目（CIP）数据

别装得无懈可击，却活得软弱无力 / 赵德昊著．--北京 ：国际文化出版公司，2020.10
ISBN 978-7-5125-1226-9

Ⅰ．①别… Ⅱ．①赵… Ⅲ．①成功心理－青年读物 Ⅳ．① B848.4-49

中国版本图书馆 CIP 数据核字（2020）第 129766 号

别装得无懈可击，却活得软弱无力

作　　者	赵德昊		
责任编辑	戴　婕		
统筹监制	胡　峰		
策划编辑	屋里安		
美术编辑	小燕儿		
出版发行	国际文化出版公司		
经　　销	全国新华书店		
印　　刷	北京柯蓝博泰印务有限公司		
开　　本	880 毫米 ×1230 毫米	32 开	
	9 印张	194 千字	
版　　次	2020 年 10 月第 1 版		
	2020 年 10 月第 1 次印刷		
书　　号	ISBN 978-7-5125-1226-9		
定　　价	39.80 元		

国际文化出版公司
北京朝阳区东土城路乙 9 号　　邮编：100013
总编室：（010）64271551　　传真：（010）64271578
销售热线：（010）64271187
传真：（010）64271187-800
E-mail：icpc@95777.sina.net

目录

PART 1

这个世界正在惩罚假装努力的人

PART 2

你凭什么弱得心安理得

PART 3

别用嘴上的佛系，掩饰你内心的焦虑

PART 4

成长这件事，请你别介意

PART 5

接受指点，拒绝指指点点

PART 6

感情里的扎心真相

PART 1

这个世界正在惩罚假装努力的人

这个世界正在惩罚假装努力的人

不知从什么时候开始，努力似乎变成一件很形式主义的事情了。

只要手指轻轻地一动，拍一张岁月静好的图片，配上一句早就烂大街的话，就算完成努力了，当真很讽刺。

翻翻自己的朋友圈，是不是每隔一段时间你就会努力一次？

或是在图书馆里，或是在星巴克里，你摆着一本书，书旁是一支笔，照片很好看，配的文字也很励志。

然而努力的不是你，而是你的朋友圈，你只是负责搞笑而已。

但是这些你都不在乎，因为很快你朋友圈就会得到无数的赞，大家汇聚在你那条努力的动态下面，捂着嘴笑看你的表演，真是精彩啊。

你也很满意自己的表演，在轻描淡写地回答了几句话后，你的努力戛然而止。表演已经结束，所有人都心满意足，可以安心地玩乐了。

你已经忘了初心，努力从来都不应该是一个去表演的主题，它应该是你由心而发的一种习惯。努力的人从来都不表演，更不会去搞笑。

后悔不努力的你，也好搞笑。

在表演过努力后，开心愉快地过着咸鱼一般的生活，忘记了之前的信誓旦旦，也忘了在朋友圈里岁月静好的图片，直到下一次在看到某一篇文章后幡然悔悟：我的梦想去了哪里？

到了这个时候，你的表演就又该开始了，依然岁月静好，依然励志，依然搞笑。

就这样，你重复表演着努力，一直到你需要那份努力的时候，才会真的后悔不努力，就像蔡康永说的那样："15 岁觉得游泳难，放弃游泳，到 18 岁遇到一个你喜欢的人约你去游泳，你只好说'我不会耶'。18 岁觉得英文难，放弃英文，28 岁出现一个很棒但要会英文的工作，你只好说'我不会耶'。"

面对需要做的事情，你永远只会说"我不会耶"，这比你之前的信誓旦旦要搞笑多了，只是你应该不会很享受吧？

那时，你应该是面红耳赤地站在别人面前，支支吾吾地回答："这个我不会耶，那个我也不会耶，我什么都不会耶。"

努力的人从来都不会表现出来。

比起活跃在朋友圈负责搞笑的你，有些人每天都在努力着，他们不会有岁月静好，也不会有信誓旦旦，他们只有对未来的负责，努力只是他们的态度，而不是你的表演。

努力的人，在得到成就之前都是默默无名，“寒窗十年无人问，一朝闻名天下知”就是在说他们，在成名之后他们的努力才会被人知道，人人都衷心地佩服，原来他是这么努力的啊！

而这个时候你在干什么？你在一边的角落里艳羡地看着别人，然后下定决心去努力学习，要努力地表演搞笑。

大部分人对努力的理解，都肤浅地停留在表面的形式上，而忽视了努力的本质意义。

更可怕的是，一旦你习惯了这样的过程，便很容易从中得到满足，最后当发现自己没有得到应有的回报的时候，开始怨天尤人，觉得天道不公。

请你停止你的虚伪吧！

努力不应该这样被你糟蹋，它不是表演，它是一种生活的态度，是一种习惯。就像是习惯了优秀一样，优秀的人也习惯了努力。

而你不同，你只是习惯了表演。

所有的捷径，都是万劫不复的劫难

在热播剧《北京女子图鉴》里，有这样一段情节：

高飞和陈可一起出差时，打电话让陈可把烟送到他的房间。当时是深夜 23 点 51 分，夜半三更，孤男寡女，这意味着什么？不言自明。

机智的陈可打电话给酒店前台，请前台帮忙买了一包烟送了过去。

阴谋未得逞的高飞把陈可的案子转给了姚梅，再次出差就叫上了姚梅。

姚梅，一心向上爬，愿意以身体做交换，于是她成功上位。

姚梅通过潜规则上位，沾沾自喜、扬扬得意，嘲笑只知道辛勤工作不懂得走捷径的陈可。

然而，现实很快给姚梅当头浇了一盆凉水。高飞的老婆闻讯赶到了公司，众目睽睽之下羞辱了姚梅。

姚梅利用职场潜规则走的捷径，成了众人口中的一个笑话。

所有的捷径，都在背后标好了价码。你以为你占了便宜，其实代价都在后面等你。

美国封杀华为。

华为有自己研发生产的芯片，也牢牢掌握着技术专利，底气十足，并不怕美国的制裁。

曾经，华为不遗余力地研发推广自己的海思芯片，受到同行的打压和不解。

今日，如果美国封杀华为，华为完全可以大量采用自己的芯片。

华为走了一条很艰难的路。但是这条路走得踏实，走得稳健。

欲戴皇冠，必承其重。走别人不走的路，才能得到别人得不到的荣耀。

我一个表姐，目前也被自己选择的捷径扼住了喉咙，越勒越紧，有些喘不过气来了。

表姐从小就是学霸，是老爸老妈最常拿来教育我的“别人家的孩子”。表姐毕业于一所211大学，又直接保送攻读研究生。

表姐信奉“干得好不如嫁得好，嫁得好可以少奋斗20年”。一毕业，表姐就嫁给了一个富二代。

表姐觉得，嫁个有钱人，就不用辛苦奋斗了，这是人生的捷径啊。

可就在去年，表姐所在部门由于公司转型而被撤销。表姐失业在家，却被婆家嫌弃白吃白喝。被迫重新进入职场找工作的她，接连碰壁。

由于当初走了一条捷径，她没有磨炼自己，只是在职场混日子。如今，自己酿的苦酒，也只能自己品尝。

出来混，迟早都要还的。还得越晚，利息越多。

捷径捷径，走着走着，就变成了万劫不复的劫难。

曾经看到过一个漫画。每个人都背着一个沉重的十字架，艰难前行。

有一个人自作聪明，把十字架砍掉了一截。当别人负重前行时，他拿着被砍掉了一大截的十字架，轻松地走到了最前面，一边走一边嘲笑别人。

突然，前面出现一个又深又宽的沟壑。别人用十字架搭在沟上，以架作桥，轻松跨越了沟壑。

他想如法炮制，但是十字架已经被他砍掉了一大截，已不能作桥。无奈之下，他拿着十字架想跳过去，结局只能是坠入谷底。

普通人的一生，就不该对捷径抱有幻想。有些黑暗，就该自己穿越。有些辛酸，就该自己品尝。有些痛苦，就该自己体验。

妄想跳过这些主线剧情，直接通关人生，这种超级外挂，你觉得自己能免费拿到？

其实，命运赐给我们的每一件礼物，都暗中标好了价格。路线不同，价码也不同。

捷径，就像高利贷一样，短期内你会享受到超前的福利，长远看则是万丈深渊，稍有不慎，就会粉身碎骨，连回头路都没有。

不会偷懒还假装勤奋，怪不得你又累又穷

勤能补拙，是最大的谎言。

人们常说，偷懒可耻。

但就有这么一家“可耻”的公司，将“偷懒”作为企业文化，还把产品做到了世界前三的高度，这家公司叫连尚网络。

它的创始人更神奇，以擅于“偷懒”著称，公司却越办越好。

这个人，就是盛大网络的创始人之一——陈大年。

陈大年有多懒？

他曾经在哈佛演讲的时候，谈到自己的工作情况：“我每天工作时间差不多是 6 小时——每天早上 10 点半到公司，中午会有 2 小时的吃饭和健身时间，到晚上 6 点钟雷打不动地回家，星期六星期天绝对不干活。”

别装得无懈可击，
却活得软弱无力

连投资人都忍不住吐槽他："年总，我们投了那么多的公司，我其他不敢说，但我敢说，你是我见过的 CEO 里最懒的一个人。你看，我认识的老总，大多每天只睡 6 个小时，其他时间都在干活。而你，每天只干 6 个小时，而其他时间都在休息。"

陈大年不但自己偷懒，还带着员工一起偷懒。

陈大年鼓励员工多陪家人，连尚网络的员工朝九晚六，中午跟着陈大年打太极拳，周末双休绝不加班。

别看他们全员佛系，成绩却让人目瞪口呆：仅靠一个叫"Wifi 万能钥匙"的 App，5 年就获得全球 9 亿用户，月活跃用户 5.2 亿，日下载量甚至超过了微信和 QQ！

可能国内大半网民不知道陈大年，但一定知道"Wifi 万能钥匙"。

陈大年在《创业者如何正确偷懒》中谈到了其中的奥秘："拼命对创业没什么帮助，真正决定公司命运的只有几件事。选对了方向，做对了事情，才能取得成功。"

"Wifi 万能钥匙"项目，就是这件"对的事情"。

他谈到盛大的成功，也是因为做对了 3 件事：代理了《热血传奇》、自主研发《传奇世界》、建立起点中文网。而其他事情，不过是锦上添花，甚至可有可无。

偷懒不是无所作为，恰恰相反，它是尝试用最小的代价，获取最大的成果。

同事小吴，刚进公司时做的是市场运营，在小公司里，这个职位等于打杂，什么都要做一点。

业务繁忙的时候，大家经常忙得昏天暗地。

但小吴总是表现得游刃有余，很少加班，偶尔还会给我们其他部门送饮料零食。

虽然零食成功笼络了我们的心，但我们一开始极度怀疑这小子在混日子。

直到在月例会上老板重重表扬了他，说他工作完成得又快又好。我们才发现他真的有几把刷子。

没过几个月，老板还破格把他升为市场主管，这让很多人惊诧不已。

我请他吃一顿大餐，请教秘诀。小吴笑称自己太懒，所以只能想办法快点完成任务，好去享受生活。

他和我说了一件事：有一次老板需要统计市面上某一类型的公司的相关数据，指标下发到市场部，部门几个同事看到那叠厚厚的指标头皮都麻了。一个一个去查找的话，他们需要加班两天才能完成这个统计。

其他同事已经开始动手搜索了，小吴还没动。

中午他跑到技术部，请我们的技术大牛吃了一顿午餐，让他帮忙写了一个爬虫程序，把符合条件的公司和数据全都扒了下来，只花了半天就完成了任务。

随后他的总结让我印象深刻："确定好你想要的结果，整合一切你可以利用的资源，用最快的手段达成目标。公司存在的意义就是整合资源啊，一个人瞎干，那你怎么不待在家里？"

聪明人偷懒，往往会想尽办法提高自己的效率。只有提高效率，才能省出更多的时间做自己想做的事。

马云曾经给雅虎的员工做过一次演讲，叫《这个世界是由懒人创造的》。

他在最后总结说："懒不是傻懒，如果你想少干，就要想出懒的方法。要懒出风格，懒出境界。像我从小就懒，连肉都懒得长，这就是境界。"

的确，有方法的懒，比无意义的勤奋有用千万倍。

上高一的时候，有一个同学，他是我见过的最勤奋的学生之一。

早上6点起床开始学习，晚上还要熬到一两点。课间的时间从不休息，一直在埋头苦学，甚至走路吃饭时都在背英语单词。课后不是在教室就是在图书馆，周末还要去补课。

这份努力我们都看在眼里，但出乎意料的是，他的成绩一直在中下游徘徊。

遇到语文英语这类学科成绩还好一点，数理化简直惨不忍睹。

后来经过交流才发现，他唯一的学习方法就是背，把写过的题全部背下来，碰到一样的题目他会做，题目稍微有些变化他就做不出来了。

他说："因为我实在太笨了，只能比别人花更多的时间来学习。"

这是一个悲哀的死循环：因为觉得自己笨，所以投入更多的时间。但使用的方法从根上就错了，所以成绩不会有进步。成绩停滞不前又让他坚信自己很笨，做出更多无意义的努力。

然而比这更悲哀的是，社会上时时刻刻都在上演"假勤奋"。

不得不承认，有时候我们的"很忙"，其实是瞎忙。

早上到公司，一会儿做 PPT，一会儿写计划，一会儿开会，忙了一圈却发现什么事也没做成；晚上回到家，想学习一会儿，这边刚打开学习软件，那边又点开了微信，心得交流了一堆，学习进度依然为零。

瞎忙半天，一事无成，还得继续忙。

我们常常用这些假勤奋掩盖自己的心虚，因为我们没有做成任何事，所以需要安慰自己：没有功劳也有苦劳。

只有这样，我们才能继续打着勤奋的旗号混下去。

然而职场的残酷之处就在于：没有结果，等于没做。

别装得无懈可击，
却活得软弱无力

老板不会看你通宵达旦做了多少份 PPT，只会关心你的工作给公司带来了多少业绩。如果你一事无成，那你勤奋的样子，只会凸显出你的无能。

有专家总结出职场三大失败原因：

把勤奋看得比结果重要；把瞎干看得比方向重要；把苦干看得比效率重要。

如果是你，你会选择有方向、高效率地得到结果，还是勤奋地瞎干、苦干？

有人会说，我也会偷懒啊，但还是什么事情也做不好。

这就是另一部分人的生存状态了，他们往往弄错了偷懒的顺序：总想着先偷懒再做事，而不是用最高效率把事情办好再偷懒。

你手段再高明，可非要拖延到最后一刻才去做，效果也会大打折扣。

偷懒的精髓不在于懒，而在于偷。从哪里偷？从低效率的工作中偷，偷更多的时间，去做更多有意义的事。

如何正确地偷懒呢？

首先要转变自己的思维："我就是要偷懒，所以我要想尽办法去思考，让自己更快成长，提高做事的效率，省出更多的时间去享受生活。"

当我们具备这个意识后，下面的偷懒秘诀可以让效率翻倍：

1. 以结果为导向，找出最重要的事，其他事能舍就舍。

很多时候我们花费大力气做的事情，对结果并没有帮助。比如你要把房子整理干净，却上淘宝开始买装饰品，寻思着放在哪里好看，接着被某件衣服吸引，忍不住点开……而你实际需要做的只是把房间打扫一遍，该扔的东西扔掉就好。

2. 把要完成的工作，分解成一个个详细的步骤，分解到你能立刻完成为止。

3. 整合你能利用的所有资源，自己不擅长的事情，尽量让擅长的人去做，哪怕要付出一顿饭或者一杯奶茶的代价。

4. 对于不熟悉的工作，如果必须要自己完成，可以去分析行业内最成功的案例，学习别人的套路和优点，不要埋头瞎干。

5. 总结出自己成功的套路，不断去优化它。不然每次都要从头摸索，会浪费许多时间。

真心希望你能学会正确地偷懒，过上从容的生活。

这世上已经有太多的焦虑、太多的悲伤、太多的绝望，咱们就不要凑这个热闹了。

你的无数个计划，终究变成了无数个大话

清晨的闹钟声往往响了又关，关了又响，你咒骂着，关死了闹铃，翻了个身，继续着尚未做完的美梦。

待到阳光铺满整个床铺，你意识到似乎已经是上午了，早饭想必是吃不成了，你计划着玩一会儿手机，就下床看书学习。

但起床总会有一个漫长的前奏，你拿出夜里 2 点才放下的手机，看看过去几个小时内自己错过了哪些娱乐八卦，和你的那个他（她）道一句早安，浏览微博微信朋友圈，四处点赞评论，在虚拟世界里刷点存在感。

不经意间，会有一丝念头掠过你的脑海：我不是打算刷一会儿手机就下床吗？

你看了看时间，已然 10 点，于是你抱着“赖床毁上午，早起毁一天”的想法，心安理得地开始刷剧看球逛淘宝。

当时针指向 12 点，伴随着越叫越响的肚子声，你不情愿地爬下床，

胡乱洗一把脸抑或坐在镜子前精致打扮一番，便匆匆出门觅食，一边排队一边抱怨着中国庞大的人口基数和食堂老一套的饭菜；抑或一边点着外卖一边听着歌，等着午餐送上门来。

填饱肚子后，出于一种愧疚，你详细制订了下午的计划，精确到分秒。

但你又想起饭后不宜立即学习的告诫，对自己说我只打一把游戏或者我只刷 10 分钟的抖音，但真实的度量结果往往多了好几倍。

不一会儿，闺蜜朋友或者你的另一半便开始召唤你。一部分是碍于面子，更多的是遵从内心真正的指引，你决定欣然赴约。

在各个场景拍照吃喝买买买。至于下午的宏伟计划，你心想，人生难得放纵一回嘛。

夜幕降临，飞鸟归巢，外出回来的你意识到自己的一天不能这样浪费，顿时你一腔热血，怀揣为中华崛起而读书的情怀，毅然背起书包，冲向图书馆。

图书馆里的人不是很多，你欣慰地笑了笑。斜对角的桌子上堆着一摞厚厚的考研书籍，看她草稿纸的厚度，应该是待了一天了。

于是你有些惶恐，拿出单词书，从 abandon 开始背起。当你读到第 16 个单词的时候，突然想起明天新上映的电影、刚才吃饭时旁人议论的八卦、抖音里推送的还未看完的视频。

抱着劳逸结合、玩一会儿就停的想法，你埋头于那个小小的屏幕之上，待到电量提醒出现，已经 9 点半了。

你一边抱怨着图书馆关门时间太早，一边收拾书包，嘟囔着今夜风大，不宜跑步，走在背离操场的方向。

白天的时间就这样过去了。看着桌前考研天数的倒计牌，你感到一丝不安，不想让这一天白白浪费。记得新年第一天的你，对自己说要让每一天都过得有意义，于是你计划着睡觉前无论如何也要看会儿书。

回到温暖的宿舍，你打开电脑，调出视频，翻出笔记……

而此时舍友推门而入，与你分享这一天的硕果：某个明星有什么八卦了，某某景点今天的游客特别多……对某件事很感兴趣的你，迅速加入到讨论中，同时也要搜肠刮肚找出一些好笑的谈资。

当时钟指向 11 点，宿舍强制熄灯后，你爬上床，以一个最舒服的姿势凹入床上，翻看别人这一天的趣事，然后使用美图滤镜发出自己的见闻，转发一下一个词都没有读过的精读英文外刊，在各个平台上打卡。

接着便开启自己的夜生活，刷抖音看直播，时不时回来看看自己集了多少个赞，微信步数是否被挤出前十。

看着宿舍外的点点繁星，你连打了三个哈欠，揉着有些发酸的眼睛，发现已经 2 点多了，倦意袭来。

你放下手机，责备着今日懈怠的自己，抱着明天一定早起学习的念头准备入睡，但脑海中仍然徘徊着某个明星的八卦、一次精彩的三分绝杀或者化身为救世主去拯救梦中的世界，而第二天的闹钟依旧准时响起……

你浑浑噩噩地度过了一个学期，临近考试，头一晚挑灯夜读，勤奋刻苦，自认为可以感动上苍。

抱着60分万岁的态度结束了这学期连名字都念不全的课程的学习。

放假回家前，学校照例发一张学期总结与展望。你大笔一挥，洋洋洒洒写下了下学期的宏伟计划。而当下学期真正来临时，你似乎又能看到以前的那个自己。

也许这是某些人的真实写照，也许这是某些人一天中的部分写照，但无论契合多少，你有没有想过去改变什么？

相信几乎所有人，都有过自己“洗心革面，重新做人”的计划：6点起，11点睡，读书、健身、兼职、吃早饭、远离手机……然而你究竟坚持了几个小时，抑或几天？

其实，一些热血鸡汤你已读过不少，励志故事也见过一堆，计划方案更是列了许多。但是现在的你，又是什么样的状态？

我不想用说教的口吻向你灌输什么思想，也不想提譬如勤奋、自律、坚持这些让你耳朵早已起茧的词语。

别装得无懈可击，
却活得软弱无力

如果你不是集美貌与才华于一身，倘若你还没有看破红尘，那么我想你知道自己该怎样做。

人总是一种很奇怪的生物，我们总是乐此不疲地制订一个又一个计划，然后眼睁睁地看着它们无法实现。

虽然我们不喜欢生活在无所作为中，却又习惯用谎言来麻痹自己，换取那并不值钱的心理安慰，直到被戳破的那一刻，用段子来挽回尊严。

也许此时你已经制订好明日的计划，至于它是否会变成笑话，你看着办。

凌晨 3 点不能回家，是因为你上班在刷朋友圈

六一的朋友圈，被满屏幕的巨婴，哦不，宝宝给霸占了。要知道，前两天在朋友圈疯狂转发《凌晨 3 点不回家：成年人的世界是你想不到的心酸》的也是他们，可谓精分重度患者。

不想长大？《凌晨 3 点》这篇文章，可谓一针强力鸡血，打得整个朋友圈都沸腾了，仿佛凌晨 3 点不回家是多么值得称赞多么值得骄傲的事情一样。

人生是一场马拉松，并不是百米跑啊。

工作到凌晨 3 点不下班，如果不是工作量安排得不合理，那说明你就是不行，能力不行效率不行态度不行各种都不行，仅此而已。

回想我念书的时候，总有那么一些人，每天要么抱着一本教科书嘴里喃喃自语，要么趴在桌子上对着卷子和草稿纸奋笔疾书。

晚上回到宿舍，还要在宿舍关灯以后，打开一盏能把整个宿舍照得

像白天一样的台灯，哗啦哗啦地把书和卷子翻来翻去。

工作的时候，也有那么些人，热爱岗位的程度超乎想象。每天哪怕快到下班的点，键盘仍然噼里啪啦地敲得飞快。

第二天早上，顶着一双厚厚的熊猫眼，满脸憔悴地向同事抱怨昨晚又加班到 3 点钟顺便从同事的桌上顺走一包速溶咖啡。

有意思的是，那些看起来认真学习的“学霸”们，在考试结果出来的时候，有不少只是徘徊在及格线附近；每天忙忙碌碌的工作狂，每个月底都一边看着自己惨淡的业绩，一边领着还完花呗信用卡又得勒紧裤腰带过日子的薪水。

疲于奔命好些时光，却没有迎来升职加薪的春天，而是收拾东西走人的黑暗。

在这种时候，他们就会拿出手机，转载一篇《成人世界是你想不到的心酸》，缅怀自己为了梦想拼搏的模样。

但在他们缅怀的时候，一定不会把这样的真相说出来：

自己在人前假装用功读书的时候，虽然怀里抱着书，手里拿着笔，其实心里想的却是，这周哪一天有哪个韩剧更新，里面的男主角又跟哪个女明星好上了……

一个晚上过去，嘴里反复念叨的，还是开头两个单词，卷子写来写去，还是同一张，一看已经很晚了，结果只能挑灯赶工，匆匆地把明天要交的作业慌乱涂完。

而总是加班加到凌晨的人呢，是因为自己今天上班的时候，不经意在朋友圈看到女神发了自拍，琢磨了半小时才编出一句蹩脚的夸奖。

这时，他们觉得自己应该工作，于是放下手机做了一页 PPT，却老是想着再刷一下朋友圈，看看女神给回复没，于是……反反复复，快到下班时间，女神压根儿没理会他，明天开会要用的材料也还没有做出来多少。

只能通宵达旦，在最后期限来临之前潦草地赶出一份材料，以为自己逃过一劫时，却因为效果不好，被要求重做。

于是乎，只能一边打开文件，一边咒骂老板，然后加班途中，还不忘看看女神有没有回复自己白天的评论，并在设置了老板可见的朋友圈发一句："明天的你，一定会感谢今天努力的自己！加油！"

有一句话说得好：比不努力更可怕的，是看起来很努力。

我很讨厌那些鼓吹"拼搏""奋斗"之类的鸡汤。不知道什么时候起，长时间超负荷运转自己的身体竟变成了值得赞扬的事情。

难道真正有能力的人，不是那些在合理的时间内合理地完成了自己工作的人吗？

足球巨星C罗就诚实得多。他曾说，自己的成功是建立在自己比别人更多的休息的基础上的。

每一个优秀的人，不在于他们有多懂得拼搏，而在于他们懂得休息。

这种休息不是打牌打个通宵，或者到KTV嚎一晚上，而是实实在在的，让自己从肉体和精神都得到放松。

懂得休息，则意味着他们懂得如何规划好自己的时间，能够保持良好的自控力，完成自己必须要完成的事情。

而有些失败者，自身没什么本事，一番黔驴技穷之后，始终攀不上能让他们每天只需要点着烟、跷个二郎腿就能在点钞机前往包里装钞票的位子，却又管不住自己，因此只好装出一副努力的样子，让自己的失败显得体面一些。

而当自己的狼狈相暴露无遗的时候，说上几句“这就是生活的模样”之类的鸡汤，不负责任地把锅甩给生活，自己拍拍屁股，随之心安理得地继续混日子。

人说白了也不过是一团肉，有着身体机能的限制。

按照自然的法则，人需要休息，需要合理的规划。突破人类正常需求的行为，偶尔为之无伤大雅，但长期如此，则是对自然规律的破坏。

我的大学老师曾经讲过一句话：“任何违反自然的东西，背后必有猫腻。”而这种无脑拼搏的背后，实际上隐藏的是失败者们人性里的懒惰、贪图享乐，以及那份希望得到别人投来赞许的目光，而将自己包装得极其上进的虚荣心。

他们自我感动，他们控诉生活，但从未思考过其实真正的问题出在自己身上。

你不过是一个外人看起来很努力的废柴罢了。

别动不动就中年危机，其实年轻时危机也不少

今天早上一睁眼，朋友圈就被一篇鸡汤奇文《如何避免成为一个油腻的中年男人》的文章刷了屏，前几天还有篇36氪的《人到中年，职场半坡》也非常火爆，“中年危机”这个词越来越响亮了。

一个有趣的现象：转发这类文章的人，真正的中年人并不多，反倒是90后00后的响应更热烈，声音一浪高过一浪，纷纷表态将来要做怎样怎样的中年人。

中年危机的核心问题就是胖，穷也是困扰，但没有胖严重。

人可以穷可以秃，但千万不能胖，有钱也不能胖，胖就全完了。一个人如果没胖，穷点儿秃点儿，再怎么萎靡，看上去也还是有魂的，胖了就完蛋，别人瞧你的眼神都不一样了，就像在看一张会动会说话的桌子。

至于所谓的危机，在我看来是一直存在的，只不过集中到中年才反

应过来的人比较多罢了，就像大部分学生都是临考前一晚才有没复习的危机感一样。

你要是幼年危机、少年危机、青年危机，那肯定中年危机啊，接着老年危机，这是必然的啊！

如果你在人生小有成就的前提下，比如青少年在学校很不错，学习拔尖，名校出身，自以为天下尽在掌握，结果入了社会十几年混得不行，没能出头，加上身体指标每况愈下，这才算是危机来了，这种情况下你非矫情地说自己中年危机也就罢了。

绝大多数人一辈子都疲于奔命，不长本事光长岁数，你这不叫中年危机，叫中年常态好吗？

奉劝下现在的青少年，别整天在朋友圈转发这些如何避免中年危机的鸡血了，你注定要遭遇危机的，转了文章也没用！

不信的话，想想你之前收藏的健身视频都练了吗？下载的旅游攻略都用了吗？保存的美食教程都试做了吗？列好的书单影单歌单都看了听了吗？点赞过的道理都实践了吗？要是那些你真完成了，你现在岂不是无敌到上天、完美到自己都怕啊？

可惜你没有。

像我一个朋友就比较看得开，儿子刚毕业上班，有心事找他，他说：“哎呀你不用跟我说，说了也没用，你爸没用，你也没用。你要做好心理准备，你这辈子能这样就不错了，可能还会更差。你要想开，这才是关键。”

个个自命不凡，生活里做不到与众不同就拼命揪细节，吃个煎饼馃子如果没十个八个忌讳，就显示不出比众生高一个级别。

这生越求不同，反而事事皆落尘世中，俗不可耐。你就生在十丈软红，一天洗八个澡也没比别人干净多少。

天天眼高手低，拒绝接受40来岁必将成为中年男人、妇女这一事实，结果只能在朋友圈转鸡血给自己心理安慰了。

其实吧，人这一辈子最重要的三点其实是：岁月静好，懂得感恩，与你相随。

同龄人不会抛弃你，这个时代会

2018 年 6 月 10 日，中国建设银行突然宣布：国内第一家无人银行，在上海正式开业！

在银行工作的荔香，看到这则消息后，颇有些担忧："我们看来真的是快要失业了。"荔香一毕业就进了银行，多年来虽然始终在柜台上，但是因为耐心细致、工作严谨，一直都是行里的明星员工。

然而，她的担忧并非空穴来风。

今年初，唐山市取消了城市路桥所有收费站。

市民还没来得及高兴，这事就遭到了收费站工作人员的反对，因为撤销收费站对他们来说意味着丢掉了工作。

一拨人来到相关部门讨要说法的样子，真的很不好看。

"领导一句话就不管我们老百姓的死活了。"

"我今年 36 岁了，学东西比 20 多岁的人学得慢了，什么也都不方便了。”

“我们的优势都放在收费站了。”

“如果在饭店端盘子端碗，至少我会报菜名，但是现在我啥也不会呀。”

这些话听起来好像出自弱者的口中，但，网友却不这么看。

“你什么都不会，是你的问题，不是单位的问题。”

“才 36 就说自己什么都不会，难道想着在一个工作岗位上做到死吗？”

“职场很残酷，容不得你啥也不会！”

我很为那位 36 岁的 80 后姑娘感到惭愧。她抱着陈旧的观念，以为进入一家看起来稳定的单位，就可以安然工作到退休。

不再学习，放弃提升自己，默守成规、故步自封，那结果当然是只能被淘汰。

前两天，碰见前单位的刘主任，看他一脸的失落，才知道他被调去看大门了。

刘主任原来是单位的办公室副主任，说是副主任，其实是因为单位照顾他年纪大了，多年来他兢兢业业、克勤克俭，所以给了他一个副主任的待遇。而他的主要职责就是开车。

这不，赶上事业单位公车改革，岗位调整，司机已经不需要了。单位不得已，把刘主任调到了保安室，负责看大门。

要说这刘主任，上世纪80年代初，毕业于一所大学的卫星通信专业，当年也是天之骄子。那时候单位设有卫星通信的岗位，就是把卫星云图通过特定的方式接收下来，冲洗成照片，供专业人员使用。

当年，卫星和计算机的发展还处于起步阶段，比较落后，每天都需要人准时准点地守在计算机前，一旦漏了，就少了一个时次的云图资料。所以，刘主任当年的岗位也是很受人瞩目的。

他两耳不闻窗外事，一心扑在工作上，接收云图、冲洗照片，多年来几乎很少出现失误。

只是，谁也没想到，科技飞速发展，很快卫星云图可以通过计算机接收，并且直接显示在电脑屏幕上了。刘主任待岗了。

后来，由于他为人忠厚老实，又踏实肯干，单位就把他调到办公室。学会开车之后，他成了单位的专职司机。

谁也没想到，十几年过去，离退休还有好几年，这司机也当不成了。

第一次转岗，刘主任因为学会了新技能——开车，加上工作勤勉，还说得过去。第二次转岗，没有其他技能和特长，对电脑和网络也一窍不通，他就没那么幸运了。

别装得无懈可击，
却活得软弱无力

这是个瞬息万变的时代，谁也不能保证可以把眼下的工作做一辈子。

古人云：“居安思危，思则有备，有备无患。”

想要不被淘汰，就要敢于走出舒适区、尝试新事物，不断打磨、提升、扩展自己的技能。

不要等到突如其来的挫折或意外发生时，再后悔自己当初没有早做准备。

早先就有人预测，银行柜员、记者、司机等职业，即将消失。

当荔香拿着手机给我看新闻时，也不由得感叹：“你看无人银行里，根本不需要人，保安被人脸识别系统和摄像头取代，大堂经理被机器人取代，我的岗位被全新的智能柜员机取代了。”

“那你可得早做打算啊！”听她这么说，我也不由得隐隐有些担忧。

“放心吧！我的精算师快拿到手了！”荔香抬起头，给了我一个灿烂的笑脸。

“臭丫头，我以为你真的快失业了，原来你早有打算呀！”我捶了她一下。

她笑笑说：“我其实一直有危机感，在银行数钱也不能数一辈子吧！干信贷压力太大，我仔细考虑过后，就开始复习考精算师了，2 年多的辛苦，这一刻发现，简直太值了！”

荔香若不是未雨绸缪，早早复习准备精算师考试，恐怕当无人银行真的延伸到各个城市、银行员工面临大面积裁员的时候，她只能趴在我肩上哭鼻子了。

这些年，社会不断发展，带给人们的便利越来越多，随之而来的变化也常常让人吃惊不已。

当年，寻呼台声音好听的接线员，随着传呼机的昙花一现，转瞬即逝。

电子商务的飞速发展，让网购走进了千万网民的生活，却也让各大商超百货头疼不已。仅 2016 年，全球零售业巨头沃尔玛就关闭了 269 家卖场。

如今，滴滴、神州、共享单车，让出租车司机的生意越来越难做。早先，在我们这个三线城市一个出租车号牌售价最少 80 万元。前几天，一个发小的爸爸因为挣不到钱卖掉了自己的出租车牌，只卖了 40 万元。

这个时代，已经不是一张文凭用一辈子、一个单位待一辈子、开个门面就赚钱的时代了。

与其等着不可预知的改变给我们当头棒喝，把我们打得七零八落，

别装得无懈可击，
却活得软弱无力

不如像荔香一样，提前规划，瞄着时代变革的大方向，早早储备自身的知识和技能，为自己的未来赢得更多的可能性。

当不幸突然来临的时候，有准备的人永远不会手足无措。

那年你决定减肥，没想到一减就是一辈子

生活中，一些话，刺耳却很受用；一些话，初听逆耳，细品够味。我今天送大家几句话，哪怕能听进去一句，今年的你都会有所不同。

1. 努力，不是为了朋友圈多骗几个赞用的。

你想去跑步，还没开始，先哼哧哼哧地插上耳机，摆个故意耍酷的姿势，来张自拍，然后秒发朋友圈，等待着大家的点赞和夸奖。

结果，半个小时、一个小时过去了，朋友圈的点赞收获了一大堆，自己却还没跑出去 100 米。

你对新认识的女朋友夸下了海口，说自己很爱学习读书，但又实在静不下心思认认真真地读一本书，于是，在某个昏昏欲睡的下午，你去图书馆拍了一张书页的照片发布朋友圈，再附一句，“唯有读书与努力，不可辜负”。

看着圈里呼啦啦的一片点赞，你暗自撇起了嘴角。与点赞者互动矫

情一番后，你终于趴在桌上呼呼而睡，震耳欲聋的呼噜声让周围的小伙伴们咂舌不已。

生而为人，上进努力本是一件值得鼓励肯定的事，追求别人认可倒也无可厚非，但如果热衷于把自己的努力摆设在社交网络上，散布在朋友圈里，故意制造一种“我很努力，我是上进者”的假象，就确实没意思了。

要知道，努力，本就是年轻人应有的状态，可一旦有了表演的成分，就会显得廉价。

努力，是实实在在地为自己的成长铺就成功之路的基石，而不是满足虚荣心的筹码和棋子。

2. 答应自己的事都做不到，你凭什么抱怨世界?

你太怕冷，所以一整个冬季，不是窝在沙发里追剧嗑零食，就是躺在床上玩手机睡懒觉。不知不觉，你肚子上的肉肉已经软软地从腰间坠了下来，肥肥的大腿也沉重地好似灌了铅。

眼看春风送暖，换了季的小伙伴们婀娜窈窕地从你眼前飘然而过，你才记起年初的时候，你运动和节食的诺言。

你艳羡身边兄弟的成功，眼看他已在这个城市稳稳站住了脚跟，自己却还在出租屋里感叹命运的不公，你懊恼，你自责。

你只是看到了他人前的成功，却没有看见他在你潇洒自得的时候奋力挥洒的汗水。

你终于想起，一起出来打拼的时候，你们也共同举杯，共勉一起奋力。他做到了，但你，却食言了。

既想要腹肌，又无法坚持运动，既想要体面生活，又不想吃苦，这么好的事，您还是在梦里享受吧。

连答应自己的事都做不到，你又凭什么抱怨世界不给你想要的？

3. 鱼没有水会死，水没有鱼会更清澈。你没有他会伤心，他没有你会更爽。

你又一次看走了眼，爱上了渣男。在你这个年纪，还不是很明白，金钱、名利、外貌都不是爱情里最重要的因素，所以，你又一次受伤了。

睡不着的深夜，你一次又一次地翻看着他的朋友圈，希望从中找出关于你的蛛丝马迹。

你希望他也会和你一样，痛苦地蜷缩在某个黑暗的角落暗自流泪。

但事实上，他此刻正在很嗨的众人堆里，和一个比你更漂亮的女孩暧昧。

别装得无懈可击，
却活得软弱无力

于是你更加伤心，痛恨命运对你的不公。别给自己加戏了，要知道，你放不下的人很可能早就放下了你，这世上没有谁离不开谁。

过好自己独一无二的人生，才是让对方悔恨遗憾的最好方式。

4. 玻璃心、想太多都是病，得治。

同事工作闲暇在窃窃私语，刚好走过的你就认为是在说自己，于是，一个上午你都心情不好。

同事 A 给了同事 B 一个苹果，却忘了给也坐得不远的你，于是，一整天你都对这件事耿耿于怀。

下午开会的时候，上司没有指名道姓地批评了几句，你就认为是在说你，于是，一周都心情不好。

晚上回家跟男朋友聊聊今天的事，男朋友忙着打游戏，嗯嗯啊啊回了几句，你就认为对方不爱你了，于是，整个月都提不起神。

你时刻拥有一颗玻璃心，自怨自艾地活在自己的世界里；你总是情绪过分丰富，动不动就泪流满面；你总喜欢一次次地埋怨他人，控诉世界对你的不公。

要知道，你又不是大明星，哪有那么多眼光被你吸引？大家都很忙，没有人需要为你的玻璃心埋单。

与其患得患失，不如坦荡洒脱。

春节仿佛还在昨日，可一看日历，才恍然发现已是 3 月。时间就是过得这么快，你还没开始热身，比赛的上半场就开始了。

如果生活就这么浑浑噩噩地耗下去，等你人到中年，怔怔地看着眼前的局面时，可不要过于惊讶于人生怎么就变成今天这个样子。

太努力工作的年轻人，还记得你的诗与远方吗？

活成这只有眼前苟且的样，你可还记得年少时渴望的诗与远方？

不过那对你也不重要了吧，毕竟除了眼前的苟且，未来还有层峦叠嶂绵延不绝的苟且在等着你。

每一个身历职场的人，想必都有过这样的经历——看老板画饼给你吃。

“明年公司业绩好，优秀员工加薪 n 级。”

“你们部门的部长我打算从内部提。”

“部门（公司）正是初创期，将来你就是元老，高管里有你的位置。”

“公司马上就要上市的，到时大家身家都会翻倍……”

但是到了年底，工资没涨，职位没升，公司离上市还差十万八千里，哪还有饼的一丝踪影？于是只能怨气冲天地，悄然地，在公司招聘信息下评价道：“垃圾公司，坑人！”

结果还被公司买通后台给删了。

“公司现在是关键时期”“你刚刚毕业难以服众”“我觉得你就只差那么一点点”……因为诸多原因，这些饼永无兑现之日，就像吊在驴子眼前的胡萝卜，永远在你前方，那么近，却永远也够不着。

而你也就像围着磨盘转的驴子一样，永不停歇，为着别人的公司抛头颅、洒热血。

虽然明知吃上的可能性不大，但你还是禁不起这饼的诱惑。

可饼再大，吃不下，不还是会被噎死么？沉迷工作不可自拔，最终会慢慢忘记自己究竟是为了什么而工作。

太多年轻人被“不努力，便会被同龄人抛弃”的焦虑所绑架，灌着鸡汤麻醉自己，努力工作到“拼命”的比比皆是。

凌晨 3 点还顶着黑眼圈依旧在电脑前勤耕不辍，默念着“越努力越幸运”，第 10001 次重复着机械的工作。

20 岁就顶着别人 30 岁的眼纹、眼袋、黑眼圈，用着花了半个月薪水买的化妆品护肤品去遮盖和弥补。

稍一有空就规划着 10 年后房贷还了五分之一、孩子学前班 1 个月花掉自己 3 个月薪水的生活。

美国一位畅销书作家芭芭拉・艾伦瑞克，用了 1 年的时间来体验底层生活，然后写了一本书——《我在底层的生活》。她在书里给我们展示了一个穷人永远是穷人的无解死循环：因为钱不够，只能住在偏远的地方节省房租；每天大量时间在路上颠簸，没有时间提升自我；为了应付上涨的房租和生活成本，得承担更多的小时工作或者兼职；因为花了太多时间做各种费时费力的基础工作，她渐渐成为一个工作机器，没有时间学习新的技能，只能日复一日重复同样的工作；然后，换一个地方，进入下一个循环。

大部分刚刚入行的普通人，只能从事没有任何难度的重复性劳动。

在老板眼里，这些毫无难度的工作交你手上，你完成了是本分，没在规定期限内完成是能力差、没责任心，没人会在意你工作量大要加班几百个小时。

眼前工作占据太多时间的人，难有空余时间提升自己。工作外剩余时间少，回家只想懒散休憩，即使靠着毅力挤出时间也无法避免精疲力竭之后的低效率。

10 年之后，你依旧在重复着已经重复了 10 万多次的基础工作，甚至 AI 都可以轻易取代你的位置，这时候你将没有任何选择的权利，无法创造更多价值，可不是只有苟且一世？

太努力工作的年轻人，大多数太过盲目，全靠一腔人血，缺乏理性判断的想象与自我暗示，最后通常还没拼来成功，先把命给拼上了。

年轻人，到底是谁给你们的自信，一毕业就能承受中年危机所致的焦虑？谁告诉你们拼命就可以成功？地球是圆的，那不代表你朝一个方向拼命走就能抵达火星。

一个公认的道理：要想成功，两条路——做喜欢的事，投入十二万分的热情；做擅长的事，事半功倍。若恰好你所喜欢即所擅长，那是万里挑一的幸运。

可现实不总是幸运的，只有极少数人能在专业技能上展露出无与伦比的天赋，只有极少数人能通过课外兴趣培养发现自己的热爱与擅长之所在。绝大多数人，难有时间做喜欢的事，更没有时间去找自己擅长的事。

如果你的工作不是自己喜欢的，也不是自己擅长的，那么做不好，没成绩，没效果，没钱也就理所应当了。

看着同期的新人一个个不断升级，自己却陷入无尽的死循环中，心态注定会崩掉。结果空耗青春、愧对亲人，最后依旧一事无成，这样一眼看到尽头的人生意义几何？

太多人不是工作不够努力，而是一辈子拼着想成为企业家的命，去做着企业家的廉价劳动力。

这世界从不缺努力工作的人，缺的是努力对了方向的人。不要盲目前行，适当停下来看看路线，并不会影响你前进的步伐。

慢慢走，就很快。

人生从来没有
速成这个选项

一篇篇文章、视频火遍朋友圈，什么摩拜被美团收购，创始人套现15亿，被同龄人抛弃了。

什么高中生木汁月入10万，什么00后创业融资百万，公司估值千万……让年轻人感觉自己一次次地被抛弃，被落下，激起各种焦虑的情绪。

同时，网络上还充斥着各种课程，零基础月入过万，副业也能月入5万，21天学会月入5万……让你摇身一变成为钻石王老五的日子提前实现，迅速走上人生巅峰，让人看着都有些飘飘然，美滋滋，忍不住再次掏出干瘪的钱包。

我们激动万分，可等到真正去报名学习一些这样的课程之后，反而会发现这些课程讲的大多是一些入门的知识，讲的方法经验跟别人也没有什么太大的区别。

等听完了课，发现自己并没有什么提升。

因为发现课程没有那么神奇，作用也没有想象的那么大。

那些自媒体大力售卖着情绪焦虑。

他们自己都没有赚那么多，凭什么教我们？

就算他们真的成功了，作为一个成功人士来教你，也未必对你有多大用的。

那么为什么大家还会趋之若鹜呢？

其实本质的原因是追求速成的人生！轻轻松松，不用怎么努力，就能收获巨大的成就，迅速获得丰厚的加薪、高贵的地位、大量的财富……听上去多有吸引力！

追求速成，其本质就是懒惰。

总是用一个懒惰的心态来学习，结果可想而知。一旦遇到挫折便苦兮兮，满脸委屈地马上放弃了，丢盔弃甲，铩羽而归，受不得一点点挫折。

比如学英语，我们打开课程，老师教得很好，要我们背单词、刷题，每天都拿出一定时间来练习听力。

可是我们一看，呀，我们都知道的道理，还是老方法啊？不行，人家00后都创业了，我还在这里一点点背单词？不行，不行，这不是我要的。我要的是速成，马上走上人生巅峰的那种。

可是想要一步登天，妄图短时间内爆发式超过别人多年的积累，怎么可能？

这样的焦虑急躁速成的心态，怎么可能真的带来突破？

不停地寻找这些课程，不停地失望，要知道，成功的人生从来不是速成的。

有一种人生倒是可以速成，就是平庸的人生。

这最简单了，我们躺下来，什么都不做，什么都不想，安心当一块烂肉就好了。

懒懒散散的，吃了睡睡了吃。腰又肥了几圈，熬夜熬得黑眼圈又加重了。

或者每天刷热点，八卦新闻浏览一个遍。

再或者人云亦云，人家说什么就听什么，人家说啥就是啥，跟着别人的思维走，听别人的安排，跟着自媒体的挑动忽悠，或激动，或动怒。

从不会质疑别人，从没有自己的思考。

成功都有运气在里面，但更多的是他们背后我们没有看到的努力。

国际巨星章子怡，在外人看来拥有一个开挂的人生。

一个普通的城市姑娘，逐渐成长为国内顶级的演员，又成为国际著名影星。从舞蹈转入影视圈，演技也那么爆棚，她是怎么快速成长的？

在《章子怡成长日志》中，有这么一个故事。

某次舞台剧《大荒漠》中，她扮演一位油田队长的妻子。除夕之夜，她到油田看望丈夫，并劝说他离开油田去享受安逸的生活，在被丈夫拒绝后愤然离去。

章子怡很投入，演到最后一幕，章子怡跑着冲出去，整个人撞到了玻璃上，可她一点儿都没有出戏，眼睛里含满泪水把话说完。

后来等她发现手上鲜血直流顿时吓了一跳，就使劲摸脸，脸没伤着，然后就压着伤口，上台谢幕。

还有她拍摄《卧虎藏龙》时的背后默默的努力。

李安回忆说："她并非首选，而且感觉什么条件都不成熟，因为她什么都不会。但一两个月过去以后，无论美术、摄影、武打、演戏……她都能慢慢地消化进去，相貌上乘，又能吃苦，她干这一行，真是祖师爷赏饭吃。"

互联网时代，我们被各种暴富新闻刷屏，满眼高大上公司的顶层结构、战略规划，仿佛自己和这些有多近似的。这导致现在的年轻人，基本都太浮躁了。

人们总觉得遍地是通往财富自由的大门，它们全都在向自己招手："来啊来啊！"可当走近一看，才发现这些门都锁着呢，自己压根儿没钥匙啊。

别装得无懈可击，
却活得软弱无力

网络让我们看到别人灯红酒绿的生活，让更多人不甘心于现状。所有人都在期待一步登天，拼命拒绝现实本应该面对的问题。

然而，一切合乎心意的改变都不可能一蹴而就，一个心满意足的人生没有捷径。唯有通过大量的练习与实践才能实现这样的转变。

人生都会有一些艰苦的岁月要走。不要再用一个速成的心态来学习，去跟风，而是专注在自己的领域，静下心，深深挖掘，打磨能力。

时间的洗涤和厚重的积累，都必不可少。

这个世界上，有一种落差叫能力配不上梦想。有一种烦恼，叫收入配不上享用。有一种无奈，叫容貌配不上矫情。有一种羞耻，叫见识配不上年龄。别说你都遭遇过，不然那可真是悲剧了。

一些送给 20 来岁年轻人的“人艰指南”

20 来岁，是最容易迷茫的年纪。

这也许是人生最好的时光，因为一切看上去都是那么青春洋溢；当然，这也是最糟糕的时光，因为人生中绝大多数错误的决定，都是在这段时间做的。

今天，我以自己 20 来岁时的各种亲身经历，为大家补上一课，希望能为你本就非常艰难的人生，提供一点微小的帮助。

1. 电竞，是年轻人的毒品。

刚上大学的时候，一款叫 DOTA 的多人竞技游戏开始在中国走红，我也沉迷其中。那段时间，我几乎没日没夜地打，终成一代 DOTA 大神，经常有同学在身后围观，对我的操作顶礼膜拜。

可是，打电子游戏再有快感，你也终究要回到现实的。

那段时间，因为过于沉迷打游戏，几乎不出宿舍楼，都快与社会隔绝了，也不和人说话，也不去上课，也不洗脸，整天一副萎靡样，而理科院校大多数男生也都这德性。

好在荒废了 2 年后我及时反省了，重回正轨。但身边大部分同学都没这么幸运，直到毕业，才意识到，这 4 年已经把自己养废了，但为时已晚。

2. 谈恋爱，是虚度时光最美好的方式。

大学里，一旦你不打游戏了，你会发现自己每天的空余时间特别多，可以干很多事情！

为什么选择谈恋爱？

首先，这可能是你人生中最后一次没有金钱、权力、地位等因素干扰，纯粹因为喜欢而在一起的爱情了。

今后的每一次，都会有车子房子票子的印记。

其次，谈恋爱是一件非常锻炼综合技能的事。想搞定心仪的异性，你往往需要在外貌、气质、谈吐、情商、智商等多方面动脑筋才能成功，伴随这些技能的提高，你这个人的整体评分自然也提高了。

这些技能就像酿酒，时间越久越有味道，这也是很多女生喜欢大叔的原因。

3. 兴趣爱好一定要多，你永远不知道什么时候会派上用场。

其实应届生都是白纸，学校里学的东西工作上基本派不上用场，如何在一群白纸里脱颖而出被领导记住就很重要了。

我的职场生涯起步就比较顺，刚进公司就得到了不少机会。

而这些机会，不是我拼来的，也不是因为我比其他应届生更专业，而是因为……我踢足球厉害。

进公司没多久就碰上公司和一个友商踢足球赛，我当然踊跃报名了。

一个踢了几年大学生联赛的小伙子，一上场，当然是大出风头。后来有什么给新人的活，领导都会先想到那个“会踢球的小伙子”。

如今工作久了，我发现这不全是运气。凡是比较厉害的员工，基本都有几项拿得出手的才艺，反倒是干活不行的人，往往别的也不行。

4. 学会打扮自己，大部分人不会对外在差的人的内在美感兴趣。

其实这一条，多少人在谈恋爱的时候就体会过了。不过特别美和特别帅的终究是少数，绝大多数人都很普通。

这是一个看脸的世界，普通人如何脱颖而出？那就要学会打扮自己。普通的脸可以油头垢面，也可以干净利落。

这几年面试了不少人，其实 80% 被刷下来的人，从见面那一刻就已经被淘汰了，和后面的沟通交流关系不大。

油腻的头发、韭菜味的嘴巴、刺鼻的汗味、劣质的香水、浮夸的造型和服装等等。这世上绝大多数工作，都不欢迎一个不注重形象的

别装得无懈可击，
却活得软弱无力

人加入。

你还别觉得这是歧视，这是非常有科学依据的：如果一个人连自己的形象这么简单的事都搞不定，凭什么相信他有能力搞定工作？

5. 所有的事情到最后都是拼体力，体力也是实力的一部分。

经常有人问我，说你哪里来那么多精力，又有本职工作，还要抽时间写公众号？

我觉得没啥啊，这世界上比我勤奋的人多了去。

而那些大老板们更厉害，常年大半夜还在谈论工作，早上又能很早就去办公室。要换成普通人，天天玩游戏到半夜，早上按时起床都难，更别说常年保持工作状态了。

随着年纪的增大，越发感觉到体力的重要性。

对于大多数人，一天变成 48 小时他们也不会有什么改变，因为他们的体力连 8 小时都很难支撑。扪心自问，你每天在办公室有多少时间是在认真工作啊？

网上有句很出名的话：“那个爱喝冰汽水的少年，终有一天会拿起保温杯。”

一开始只觉得好笑，后来一想其实挺有道理。

保持良好的精力，其实并不意味着我们和残酷的时间妥协了。

而是终于明白：人生即将迎来下半场，你只有精力旺盛，才能赢得漂亮。

PART 2

你凭什么弱得心安理得

我们学习和成长的过程
不就是自我否定的过程吗?

小时候，觉得自己是宇宙第一，后来不那么嚣张了，觉得自己也就是个上清华的水平，再到后来又谦虚了一点儿，觉得自己虽然没那么厉害，但至少会的东西挺多，再后来觉得我什么都不会，再后来觉得自己是个傻子，最后觉得好像我连傻子都不如。

但是眼睛看到的东西从一个婴儿床的顶棚到一个房间，一个班级，一个城市，很多个城市，宏观的世界，各行各业的牛人，再到身边每个人优于自己的地方。

否定自己的过程正是眼睛看到别人长处的过程。

以前觉得我是我们班学习第一，我比他们都强的时候，是一个以单一价值标准衡量别人的时候，当觉得自己其实不如很多人的时候，说明衡量别人的标准开始多元化。

“A 比我长得帅，B 比我思维敏捷，C 的行动力非常强，D 有很强的计划能力，E 做每件事情都可以有始有终，跟他们一比，我真是不行。”

以前觉得“至少我比某A强吧”，但是发现某A虽然长得差，性格孤僻，做事笨手笨脚又没有条理，但是写得一手好字，又擅长做菜。这说明在自己不欣赏的人身上也可以发现优点。评价一个人再也不用简单的好坏了。

以前生活的环境很固定很小，环境里面的每一个细节自己都可以掌控，于是觉得自己很权威。

后来圈子拓宽，开始有自己掌控不了的因素，自己不熟悉的、超出自己能力范围的事情出现。

从来没吃过的食物种类，没有参加过的场合，不认识的语言，不会操作的仪器，完全不会的运动……

于是又开始否定自己，在面对食物却不知道怎么吃的时候，在别人都优雅自如自己却拘束紧张的时候，在别人轻松浏览自己满眼问号的时候，一次又一次地觉得，我简直跟傻瓜一样。

一部分人为了保护自己，拒绝接受那些自己不理解的事物。不要用多元化的标准衡量别人，他们就是不如我学习好。不要发现自己不欣赏的人的优点，他就是不如我。不要接触自己不熟悉的东西，我接触的一切都是我能掌控的，我才是权威。

结果就是把自己限定在狭隘的眼光和狭小的空间里。

别装得无懈可击，
却活得软弱无力

学习的作用之一就是让自己明确地认识并接受这个事实：我不会的地方真是太多了。如果世界是1，我不会的就是99.9999%；如果全世界的人是1，我不如的就是99.9999%。

于是你才可以抛开用行与不行、会与不会、擅长与不擅长来衡量自己价值的思维。

我确实是不会，我确实是不行，我活着就是一个不停地面对自己领域之外事物的过程，这是我生活的常态，也是我的价值。

有了这种思想，也就不会为了以前自己做出来的傻事而否定自己了，也不会害怕面对自己不擅长的事物和人，也不怕承认自己确实不行。

当傻瓜都不怕，还怕什么呢？

成年人的世界，
连叛逆都标好了价码

1. 成年人任性叛逆，一点儿也不酷。

以前我还上班的时候，办公室入职新同事，一个刚毕业的姑娘。出于善意，一开始我们就反复跟她强调两件事：不要在办公室里吃饭，客户走进来闻到味道不合适；少拿起手机，查资料可以用电脑。

这两件事是总经理的雷区，不能踩。

可姑娘刚从自由的大学校园里走出来，她无法理解为什么办公室有如此多的条条框框，为什么总经理会像高中班主任那样时刻盯着自己。

于是，当大家搬着桌子到外头吃饭时，她原地不动，端起麻辣烫在座位上就开吃；当大家都在防着总经理突然出现时，她光明正大盯着手机，有时还横屏看几分钟视频。

我们都劝她悠着点，别做得太过分。

姑娘却说："我就是故意的，看她能怎么样，这个岗位目前只有我一个人，她还能开除我？"

事实证明，她是总经理，她能。

职场上，也许有人是独一无二的，但肯定没人是不可替代的。

姑娘被开除的第二天，外包团队就接手了她的工作。

离职后，虽然姑娘朋友圈里写得很潇洒，说什么自由了可以好好放松一下了，但房租还要付，分期要还，再潇洒也得先找人借钱应急，还不敢让父母知道。

早知如此，何必当初？

2. 越长大，叛逆越贵。

有段时间，大家都在说成年人的叛逆，卑微大于刺激，谨慎大于冲动。

明明第一时间看到老板的消息，偏要拖延 20 分钟再回复；下班回家路上收到甲方的微信添加申请，故意等到睡前才通过；方案被否定 N 次，想发朋友圈暗讽领导，却依然记得要先屏蔽他。

为什么成年人的叛逆，总是小心翼翼，总是发生在不为人知的地方？因为叛逆，是放在货架上的商品，谁都可以买，但年龄越大，它越昂贵。

3 岁的时候，不想当个乖孩子，穿着鞋子在沙发上蹦蹦跳跳，被爸妈打了两下屁股，痛了一会儿；13 岁的时候，不想上学，偷溜到网吧玩一天的游戏，被爸妈发现，没收零花钱，没钱吃早餐，饿了两个星期。可是等到23岁的时候，一切都没那么容易了。

尽管我们依然可以因为领导很讨厌，选择故意拖延工作、处处顶撞。也可以在看到领导被惹急的样子后，兴奋地吹起小口哨，尽情享受叛逆带来的巨大快感。可是短暂的快感之后，等待你的，是收拾不完的烂摊子。

也许足够幸运，暂时没有被开除，却再无上升机会，优秀员工与你无关，奖金提成你拿最少。紧接着，钱不够花，工作处处被刁难，想辞职又担心交不起下个季度的房租，陷入两难。

茨威格在《断头王后》中有一句非常经典的话：她那时候还太年轻，不知道所有命运赠送的礼物，早已在暗中标好了价格。

孩童时期的叛逆，和成年后的叛逆，给你带来的快感也许差不多，但那价格可着实差很多。你随手拿起装进口袋，是否考虑过自己能否负担得起，是否想过再也没有人能为你的胡乱叛逆买单。

美籍华裔女演员刘玉玲接受采访时说：“我工作后一直很努力地攒钱，最后攒了一笔存款。”

这样，当你老板要解雇你，或是让你去做不愿意的事情时，你就可以很有底气地甩他一句“我不干了”！

我们已经成年了，叛逆，也要用成年人的方式。想叛逆，请先把叛逆资本准备好。

别装得无懈可击，
却活得软弱无力

3. 不满意，原本就是生活的一部分。

其实无论是任性还是叛逆，很多时候是因为我们不满意眼前的人和事，不满意人生，所以做一些随心所欲的事，来宣泄心中的不满情绪。

但凡事都应该有度，不加克制的任性叛逆，没人会为你鼓掌。

学妹 4 个月换了 3 份工作，并不是因为迷茫找不到方向，3 份工作都是相似的内容。

令她频繁辞职的，是公司里七零八碎的小事。同事太八卦、工作氛围太压抑、没有下午茶、领导总在背后看她工作……

每次她入职没几天，就开始连天的抱怨。

我想起几年前，辞掉人生的第一份工作，走之前和主管面谈，他对我说："你今天可以因为不满意而辞职，但我希望你能好好对待你的下一份工作，不要让辞职成为一种恶性循环，因为不满意，原本就是生活的一部分。"

这句劝告，我一直铭记于心，它无数次成功冷却了我冲动的念头。

很认可艾弗利德·德索萨的一段话：很长一段时间，我的生活看似马上就要开始了，真正的生活，但是总有一些障碍阻挡着，有些事得先解决，有些工作还有待完成，时间貌似够用，还有一笔债务要去付清，然后生活就会开始，最后我终于明白，这些障碍，正是我的生活。

和这些障碍一样，不满意的人和事，也正是我们生活的一部分。

它们散布在人生的各个角落，如果我们每一次遇到，都不顾一切地选择绕路走，总有一天会发现自己无路可走。

4. 有人说，任性和叛逆，才能让你与众不同。

胡乱地任性与叛逆，往往会让你沦为一个最平庸的自己。一次次地冲动，就会一次次地陷入两难的境界，就会一次次地心力交瘁。

而一旦生活的热情被磨灭，所有理想和抱负就都会停留在昨天。

哲学家康德告诉世人：所谓自由，不是随心所欲，而是自我主宰。

我们要学会去主宰生活里的那些“不满意”，不被它们影响内心最真实的声音，才能活出自己想要的高级人生。

我们成年了，我们的叛逆，也该成熟了。

酒香也怕巷子深，何况你还不一定香

“等我吃完这顿大餐，我一定要好好减肥。”

“等我忙完这阵子，我一定要回家好好陪陪家人。”

“等我攒够了钱，我一定要来一场说走就走的旅行。”

……

我们总以为“人生还很长，以后还有很多机会”，但事实上是，很多机会就是因为一个“等”字白白错失的。

等你吃完这顿大餐，面对下一顿时，还是会控制不住自己的。

等你忙完这阵子，你会发现你还有下一阵子要忙，于是你只能把回家的日期再往后挪挪。

等你攒了一笔钱，你突然发现，化妆品不够了，衣服没几件了，Vans 新出的小白鞋挺好看的。于是你咬咬牙，先把钱花在“刀刃”上，至于旅行？下次吧！

“等我……了，我一定……”是一个伪命题，等待所能得到的唯一结果就是，需要更多的等待。

也许在某一天，你瞥见体重秤上的数字，才想起自己曾有过减肥 10 斤的豪言壮语。

也许在某一天，你接通爸妈的电话，听着爸妈试探着问你什么时候有空回家，才想起自己好像快 1 年没回家了。

也许在某一天，你刷微博的时候，突然发现之前关注的旅游博主更新旅行日志，才想起自己的旅行梦还没开始呢。

等待应该是收获胜利的号角，而不是发起冲锋的擂鼓。选择等待的理由有很多，也许是时机不对，等待更好的时机；也许是准备得不够充分，信心不足，等待下次机会；也许……

但不管怎样，我们都希望等待之后的回报，能够对得起自己的等待。

可是将来太过虚无缥缈，况且你还不一定能够坚持等待到收获成果的那天。

不知道你有没有听说过“20 秒法则”：当你想做一件事情，立即去做，在 20 秒之内就开始；当你不想做一件事情，认真考虑 20 秒，再决定要不要去做。

听起来有点儿可笑：我们想要做某件事情的决心，仅仅只能够坚持 20 秒。

20 秒之后，你对这件事情的热情，就会下降好几个档次，更遑论你所谓的等待，都不知道有多长时间呢。

中国人内敛、谨慎，凡事讲究“不打无准备之仗”。

于是我们把精力都花费在事前的准备上，追求尽善尽美，面面俱到，但是对于真正值得重视的“战争”，却迟迟不见行动。

我的朋友 M 曾告诉我，他想要从事自媒体写作。于是，他从网上看了一篇又一篇的写作教程，还建立了一个素材库，用来存放写作素材。

课程费交了一笔又一笔，文件夹建了一个又一个，但我始终没见他在哪个平台上发表过文章。

他只是像只松鼠一样，不断地囤着他的文章素材。

我问他：“为什么不把你写的文章发出来给别人看看呢？”

他说：“我觉得我还不知道怎么做好一名新媒体作者，我想要等我做好充分的准备了，再把我写的东西给读者看。没事，反正酒香不怕巷子深嘛！”

我不清楚他所谓的准备充分是怎样的，也不清楚他什么时候能够“准备充分”。

我只觉得，酒香也怕巷子深，何况你还不一定香。

我们都知道，果农从来不会等苹果熟了再摘下来卖，而总是提前把苹果摘下来。

为什么要这样操作？

因为熟透了的苹果再运输，路上会腐烂，而青涩的苹果，可以在路上慢慢成熟。

想做成一件事，并不需要等机会完全成熟。等到所有事情都确定了之后，机会也就不属于你了。

要是你一直相信“以后机会很多”这样的话，那么你 20 岁是这样，30 岁是这样，40 岁也还是这样。

即使你是一匹千里马，你也只能穷尽一生去拉盐车了。

如果有什么想做的事情，那就立即去做吧。如果你想减肥，那现在就可以按照减肥计划执行了；如果你想回家陪陪爸妈，那现在就可以订票了；如果你想去旅行，那现在就背起背包走出去。

不要总把希望留到明天，到了明天还要后天。

Nike 的一句广告词写得特别好：想做，就现在。

刷抖音玩“吃鸡”，你不看看自己银行卡余额吗？

昨晚同事聚会，饭桌上人手一台手机，唯独小刘两手空空。一问得知，小刘早上跟老婆吵架，一生气把手机砸了。

“她天天自己抱着淘宝买买买，我打个游戏怎么了？”小刘愤愤不平，一顿控诉老婆管他玩手机的事。

同事们嘻嘻哈哈安慰他，有人怂恿小刘趁机买台更好的手机，以后玩起来更流畅。在场的人都默认“玩手机有理”，反正是下班时间，闲着也是闲着，玩呗。

但我就特讨厌玩手机的人，尤其是男人。一个在手机里当最强王者的人，现实里八成只能当个嘴强王者吧？

很多很多年以前，有一个词叫“网瘾”，是人们心目中洪水猛兽一样的东西，要被关起来强行治疗的。后来有了智能手机，大家都患上了网瘾，就没人再提治疗的事儿了。

我们沉浸在虚拟世界不可自拔，或者根本就不想自拔。

玩儿嘛，当然是你的自由。

玩手机是你不可分割的一部分，是上天赋予你的权利，你可以随便玩儿。但问题是——你难道忘了自己是个穷人？

1. 你的一切努力，全都用来“吃鸡”。

表弟在一家地产公司做文员，过着朝九晚五混工时、晚五朝九打游戏的美好生活。

什么游戏火他玩什么。《王者荣耀》火的时候他是荣耀王者，“吃鸡”火了以后他就天天“吃鸡”。朋友圈每天晒十几条战绩，到了节假日甚至可以不吃不睡。

20 多岁的大好年华，他却把精力、体力全都拿来“吃鸡”。

由于表弟工作稳定，家人还都觉得这样挺好，没什么问题。毕竟周围类似的“吃鸡青年”，是随处可见的。

坚强拼搏、自我精进、团队协作、分秒必争——这些难能可贵的精英品质，只在他们打游戏时才会出现。

虽然个体的沉迷程度不同，但事实上业余时间约等于游戏时间，已经成为大多数城市青年的生活常态。

只在游戏中努力，是这个时代最荒唐的病，也是我们的病。

别装得无懈可击，
却活得软弱无力

2. 视频让你麻痹，你让视频嗨皮。

你每天狂刷视频，就像皇帝选妃一样爽。花式内容应有尽有，不停地刷，不停地爽。

愉悦感和满足感，在你心底荡漾，整个世界尽在掌握，幸福好像就在眼前。

刷视频、订外卖、看直播、逛淘宝……你动动手指，就能享受神仙一样的待遇。

可是你忘了，你非但不是神仙，连人上人你都不是。

你只是一个普普通通的、城市底层人员，干着不怎么满意的工作，过着不怎么如意的生活。

科技进步带给你最大的红利，是远超你社会地位的用户体验。

从楼上楼下电灯电话，到每个桌上都有电脑，再到人手一部智能手机。

人类科技的每次进步，都让地底下的老祖宗羡慕不已。

杨贵妃、武则天、慈禧太后就算绑一块儿，也没你今天这么舒服过。

快乐肯定是快乐，但更多的是麻痹。

在你对着手机傻笑的同时，抖音红人的广告报价已经逼近百万。

你不停地刷刷刷，开心的是他他他。

3. 浮华之下，你还是那个穷困少年。

《大宅门》里有个不识字的老太太，她对孩子的教育只有一句话：“你将来是想挑大粪还是开银行？”

过去人们对穷人的印象，就是挑大粪、干苦力，又脏又累。

现在的城市青年，一个个过得特别舒服。班儿上着，手机玩儿着，工资花着，跟挑大粪完全不沾边儿。

但是稍作对比你就会发现：今天的上班族，不就是旧社会的穷人吗？

虽然你外表光鲜亮丽，捯饬起来说是个老板都有人信，但实际上你只是出卖廉价劳动力的苦工。

产业、资本、地位，这些你都不曾拥有。

你过上的小康生活，是社会整体发展的结果，你所处的阶层从未改变。本质上，你并没改变。

浮华之下，是不断升高的水温，和逐渐麻痹的你。

这是最好的时代，中产阶层拥有大把机会，他们正在缩小与顶层之间的距离。而那些原本站在顶层的人，则可以尽情享受一切红利。

但对你而言，这却是最坏的时代。底层正在被遗弃，阶层裂痕不断扩大。以后再想往上爬，难上加难。

随着科技不断发展——比如人工智能，留在底层的人迟早会变成废人，再也创造不出任何价值。

别总以为机器取代人类都是瞎扯。

去新车间里看看，可编程机械手早就不新鲜了，更先进的 AI 流水线正在崛起。

过去要上百个人，才能玩转的生产流程，现在可以只留仨人——就这还是因为倒班儿。

所谓人工智障，不过是一句笑谈，信了你就输了。

你说电脑不可能代替人？是，代替是不可能代替的，但它可以倒逼生产成本，让你的廉价劳动力失去竞争价值，继而剥夺你创造价值的一切机会。

这一代出卖劳动力的无产青年，恐怕等不到退休就会丢了饭碗。到那个时候，想起今天的抖音和“吃鸡”，不知你会有何感想。

这个世界发展得太快了，科技就是 21 世纪的灭霸，一个响指打出来，步子慢的人，就真的被抛弃了。

我奉劝你，早点把自己的业余时间，从手机里拿回来。未来世界的入场券，限时限量，届时有没有你的，心里要有数。

岁月是不是杀猪刀，取决于你是不是懒惰如猪

人们常说，岁月是把杀猪刀。

随着时间流逝，我们不可避免地变老、变丑、变废，仿佛一切都不能逆转，只能听天由命。

但实际上，岁月本身并没有那么残酷。

动作大片《碟中谍 6》上映了，已经 56 岁的主演汤姆·克鲁斯，外形风采依旧，动作戏真枪实干。

在他身上，岁月非但不是杀猪刀，反而是握在手里的武士刀，刀锋所指，所向披靡。

飞跃楼顶、徒手攀岩、扒直升机、飙摩托车……一大堆惊险画面，阿汤哥既不用绿棚抠像，也不用动画特效，就那么一次次地玩儿命拍。

更可怕的是，他还实拍了高空跳伞——这种名叫 HALO 的跳伞方式，是特种兵动作。它以超高空起跳、超低空开伞而闻名，非常危险。

别装得无懈可击，
却活得软弱无力

以往电影中的HALO，都是用绿幕加电脑来完成。

只有阿汤哥，不要命地实拍HALO，而且——拍了106次！

56岁，大多数人已经体态臃肿、斗志全无。岁月吞噬了他们的青春、健康、活力，磨灭掉所有意志，余下的只有生命倒计时。

表面上看，一切都是岁月的错。

但是对比阿汤哥，对比健身房里活力十足的爷爷奶奶，对比身边每一个上进的人，你有什么可抱怨的？

1. 只有面对猪，岁月才是杀猪刀。

前一阵子，微博上疯传一组对比照片，男主角是阿汤哥，女主角是他30年前的老搭档——时光飞逝，阿汤哥还是魅力四射，女明星却已沦为大妈。

也许有人会反驳：“男人不易老，岁月毁红颜。”

那我们看看老年的奥黛丽·赫本、65岁的傅莹奶奶；再看看报废版的基努·里维斯、度假版的小李。

可见岁月杀猪这种事，跟性别没什么关系。真正起决定作用的，是我们自己。

混吃等死的人，每天做重复的工作，吃油腻的食物，玩上瘾的手机，熬空虚的夜，睡昏沉的觉。

他们生活的意义，就是一天天变老，然后埋怨变老不好。而上进的人，事情总是忙不完，时间总是不够用，未来总是更美好。

他们坚持早起，坚持健身，坚持终身学习，努力成为更好的自己。时间带给他们的，是越来越充实、越来越高级、越来越宏大的人生。

二者相比，高下立见——你是猪，岁月就是杀猪刀；你上进，岁月就是不老药。

2. 像梦一样自由，像猪一样生活。

很多人说：我热爱自由，不喜欢束缚。

表面看没毛病，但践行这句话的人，大都把自己活成了猪。

我表妹，立志做自由职业者。

前两天看到她，穿着一身孕妇装，然而并没有怀孕。25 岁的大好年华，但她整个人看上去却要老气很多，满脸生无可恋。

当年择业的时候，表妹有一套颇为前卫的自由观：上班是坐牢，死工资是枷锁；优秀的人爱自由，爱自由的人不上班。

于是她今天做淘宝，明天做微商，后天搞直播。时间匆匆流走，自由是自由了，但是没职业。

天天吃外卖、刷手机，不知不觉人胖了，斗志灭了，精神也越来越懈怠，由此进入恶性循环。

当年那个活泼可爱的元气少女，就这么被自由毁了前半生。其实这种错误的自由，我们从小就知道它的全称——自由散漫。

说到底，就是享乐、纵欲、不自律。表面看是自由，本质上是堕落。

这种披着自由外衣的散漫习性，非但不能帮人上进，反而会让人对各种诱惑上瘾。

3. 只有自律，才是真的自由。

康德说：自由即自律，自律是最大的自由。

乍听起来，很像那种不苦一年、苦一辈子的狗血鸡汤，鼓舞士气而已。但随着年龄增长，我越发觉得这句话是真理。

我的一位老学长，今年 30 出头，已经是某外资银行的高管。

记得上学时他不善社交，专业天赋也不高，唯一的特点就是特别自律。

每天早上，操场跑圈，小广场晨读，风雨无阻。到了晚上，自习室刷题，图书馆看书，天天如此。

据说，他总能在寝室熄灯前 5 分钟上床，从不熬夜。

这样一个自律狂魔，在学生时代是小透明，进了职场就会扶摇直上。

我向他请教自律的诀窍：“到底怎样才能逼自己早睡、健身、多读书？”他却回答说：“你想差了，根本不用逼。”

一般人看见“自律”俩字，想到的都是抵制诱惑、咬牙坚持，玩儿命地逼自己做枯燥的事。

但实际上，自律的本质恰恰是放飞自我。

这种放飞，是一场跳脱于欲望之外、掌握生命主动权的游戏。

每天晚上，你倒在床上刷抖音、玩“吃鸡”的时候，完全不知道几点能睡。因此你无法保证第二天的精神状态，难以预判每小时的工作效率。

这种纵欲，相当于把生命的掌控权交给虚无，你本身并不快乐。

一旦你自律起来，你就会知道自己明天几点会醒、几点吃早餐、几点出门。你一定可以预判，自己在上午10点精力旺盛，下午3点体力充沛。

你不再需要抱着手机无脑狂刷。当你想要娱乐的时候，一局20分钟的游戏、几页有趣的书、几段搞笑的视频，全都任你选择、随你操控。

一切尽在掌握，这份唯我独尊的体验，才叫真的自由。

欲望是感性的，它一旦失控，就会胡作非为；意志力是理性的，它一旦掌舵，就会扬帆远航。

与其抱怨手机依赖症、拖延症、运动恐惧症、熬夜综合症，日复一日、年复一年的疲乏无力，不如立刻行动起来，把眼下的1小时搞搞好。

阿汤哥已经56岁了，又帅又能打。你才二三十岁，到底差在哪里？

哪有什么幸福来敲门，都是自己死皮赖脸去敲开的

最近组织了一次大学同学聚会，学生时代成绩一般相貌普通的林子同学，居然成了焦点。

这位曾经的路人甲，居然摇身一变，成为某知名企业的文宣部一把手，好不风光。

她还是像以前一样不爱打扮，戴着眼镜，文文弱弱的模样。这时不少人开始感慨了，说着小林总算是运气来了，撑起了一家子。

在我们吹捧的时候，林子就接了个电话，好像是工作那边有什么急事。她连声冲我们说抱歉，出去打了半天电话。

看样子，是客户的电话了。

饭菜还没上齐，她又熟练地从包里掏出电脑开始放腿上工作。她有些不好意思："你们先吃着，我马上就好。"

林子说她早就习以为常，她蹲在路边做过图，在动车上吃泡面写方

案，加班到半夜也是家常便饭。

她有过夜晚独自哭到崩溃的时候，无数次想过辞职放弃，但为了家庭，都还是坚持下来了。

我们都羡慕她工作好，运气佳，可谁又知道她背后付出了多少艰辛，有过多少泣不成声的时刻。

每一份你羡慕的生活背后，总有一份你吃不了的苦。

哪有什么运气好，不过是别人能撑下去。

我们总是羡慕有些人一夜爆红，走向成功，却忽视背后我们无法承受的痛苦。

因《北京折叠》荣获雨果奖，作者郝景芳爆红，但没人看到她那些年，被无数次拒稿后，深深陷入自我怀疑。

因《哈利·波特》系列小说享誉世界，作者J.K.罗琳全球皆知，可又有多少人知道她在最窘迫的时候，挚爱的母亲去世，丈夫家暴，并不顾她的哀求，将她和只有3个月大的女儿赶出家门，婚姻破碎，无法挽回。

罗琳的母亲突然去世时才45岁。或许罗琳最大的遗憾就是，自己的母亲无法读到自己的杰作。

那段时间她心神不宁，精神也无法集中。哈利的魔法可能只是她逃避残酷现实的解药，她需要梦境去躲藏。

别装得无懈可击，
却活得软弱无力

她带着女儿，栖身在没有暖气的小公寓，依靠政府的救济金度日。

就是在这样的背景下，罗琳靠着自身信念，一次次被拒绝却依然坚持写作，最后创作出《哈利·波特》系列小说，创造了英国出版界的奇迹。

你看到的罗琳们运气好，你有没有想过，自己为什么运气不好？

因为运气永远不会光顾那些只在家里干等的人。

那些你羡慕的爆红背后，你总以为是机遇到了，其实都是无数次举步维艰硬扛的总和。

近几年，倪萍收获了许多好消息：出书、获得冰心奖、办画展、重新登上央视主持《等着你》、身材逐渐恢复……

可我始终无法忘记的，是那年春晚舞台，她的强颜欢笑与背后无尽的心酸。

1999年的春晚，在小品《昨天今天明天》里，赵本山直言“倪萍就是我梦中情人”，同时，镜头切到台下的倪萍，她笑靥如花。

但几乎没人知道，在春节之前几天，她刚刚出生4个月的儿子，被诊断出患有先天性白内障。

“如果不及时治疗，病情继续加重，有可能失明甚至危及生命。”医生的话，让她整个人瞬间倾塌。

她掏出全部家当往来中国和美国，为儿子治疗。她默默地承担着，白天跑医院，晚上一支接一支地抽烟。

那段日子，她哭得自己都快瞎了，仍然咬牙挺着。

她被媒体爆料身材大变样，臃肿不堪，疾病缠身，有人在路边把她认出来，难以相信，道："你怎么变成这样了？"

可她根本没精力在意这些。

带着儿子飞了20多趟美国后，医生终于说："等你儿子结婚时再来吧。"

她的眼泪横着飞到了医生脸上。独自熬过冰冷寒冬，突然迎来暖春的这份欣喜若狂，唯有她自己能品味。

最近越来越多的好消息，都是倪萍这股子韧劲求来的。

而你，又凭什么突然收获这些好消息呢？

凭等待的话，就一直等下去吧。

2019年，小米与格力的"10亿赌局"结果揭晓：小米集团公布2018年营业收入，而格力同年营业收入比小米集团多了约251亿元。

这意味着——雷军最终输掉了与董明珠的"10亿赌局"。

董明珠，又赢了。

这个铁娘子究竟，是怎么炼成的？

28岁的董明珠失去丈夫，独自带着2岁的儿子挣扎度日。

直到8年后，她来到了格力，成为一名销售员。

公司派她去安徽跑市场，碰到的第一件事情是——她的前任销售人员所遗留下来的一笔42万元的欠款尚未追回。

董明珠二话不说，一个人跑到对方单位要债。

虽然知道这是块硬骨头，但她下定决心无论如何也要啃下来。

果然，对方负责人要么躲着不见，要么各种推诿耍赖。

董明珠足足跟他们周旋了40多天，对方终于拗不过，但是要钱没有，只答应退货给她。

于是董明珠自己雇了一辆载重5吨的东风车，一件件地把货品搬上去。

心力交瘁的她把货物全部装上车后，泪水止不住往外涌。

她从车窗里探出头，用尽最后一丝力气喊道："从今往后，再也不跟你们做生意了！"

凭着这股敢闯敢拼的果决，董明珠在格力的业绩越来越耀眼。

格力CEO都如此起步，你凭什么还不停止暴富的幻想，踏实去干？

现在的你，每天在做什么呢？

是看着热播电视剧，刷着综艺哈哈大笑，还是躺在床上快手抖音轮番滚动？沙发上吃着薯片喝着可乐，还要感叹生活真没盼头。

时不时觉得百无聊赖，看了两篇励志文，突然醒悟说自己得努力。

努力几小时又倒头就睡，想着自己已经努力了这么久，幸福该砸到自己头上了吧。

醒醒吧，哪有什么幸福来敲门，都是死皮赖脸求幸福开门的！

有时间羡慕别人运气好、机遇佳，不如用这份时间好好想想，自己如何才能“求”来这份运气吧。

你觉得无所适从，但你正在适从

你有没有发现，自己已经开始习惯用插科打诨式的玩笑，来掩盖日益衰老的内心了？

你有没有发现，哪怕理性让你清楚地知道自己在堕落，感性也会让你不顾一切地继续？

你有没有发现，很多个深夜突然醒来，当你望眼欲穿时，总是觉得有点儿怅然若失？

朋友，你病了。

有人说，人生有 4 个境界：

不想上学，不想上班，不想上医院，不想上西天。

你别笑，还真的有人达到了这种境界。

刷微博的时候，发现有一位朋友，他说："我受够了，不想上学了，我要回家，躺沙发上吃垃圾食品，一星期不和美国人说话。"

屏幕前的我一脸羡慕。

想象过无数种可能：可能他就是个幸运的富二代，可能他就幸运地占据了好多我们求之不得的教育资源，可能他就躺在家里嘲笑贫穷的留学生为了奖学金名额争得你死我活……

但人家就是有能力好好的。

大多数人平凡如我们，一样地躺着，一样地奢望着好工作，运气却不够好，只是因为穷。

我想，有太多人像我这样想。

我翻了翻他的微博，有这么一段话，他说：“你们熬夜的时候，我也熬夜，我在计算下一个项目的预算控制；你们吃饭的时候，我也在吃饭，我在和我们组员，边吃边聊下个月的工作计划；你们唱 K 的时候，我也唱 K，我在请潜在客户唱 K……”

他不是富二代，他也不颓废，他只是假装颓废着。

还有，后来啊，他几乎去了全世界的 K 房唱 K。

突然我就明白了，要过上洒脱、自由、让人羡慕妒忌恨的生活，前提是，摆脱真实的病态现状，走下来，走出来，得赚到足够令你安心的钱。

这个世界很现实，你只有努力，令它柔软。

别装得无懈可击，
却活得软弱无力

我很喜欢那句话：“你所有的偏见，都只是因为你未达到那个层级。”

很接地气。

等你以后住得起高楼洋房，穿得起华衣锦服，喷得起 5 号香水，你就会明白，你喝杯蓝山咖啡，买个LV包包，真是一件再平常不过的事情了。

这就是你的生活常态。

这个世界总是这样，同样的起点，同样的九年义务教育，就是总有些人不停地笑。放心，他们会继续笑得更灿烂。

他们活着，就是要活得最好，最舒服。他们一路向前，总是走在你前头，直到你坚持不下去了，就快要堕落快要窒息了，这种悬殊的对比依然存在。

一个永远只能仰视，一个却只要轻轻俯首，仅此而已。

是的，现实就是这样。

当你没有站在更高的地方，你自然不会看到更远地方的风景，你更不会明白更多已然合理的人和人生了。

贝克特那句名言怎么说来着：尝试过了吗？失败过了吗？没关系，再去尝试，再次失败，败得再好看一点儿。

世界上唯一可以不劳而获的，就是贫穷和没见识；唯一可以无中生有的，就是梦想，没有哪件事，不动手就可以实现。

我始终认为，鲜花和掌声，在某种程度上，是可以被更具体地物化的。

当你有能力坐在舒适的阳光下，享受生活的时候，你才能把一杯咖啡，喝出岁月静好的滋味。

因为你走出了舒适区，你拼过了，你无悔了，你再也不是那条躺在床上，只会点外卖煲言情剧的咸鱼了。

诺奖得主普吕多姆曾在其作品中无限感慨："她们变成了奴隶，有怎么也做不完的活，终日在井沿和漏水的酒桶之间，奔波往返。"

她们这一生，碌碌无为，再无尽头。悲哀，凄惨，但是理所当然。

你是不是还在凌晨3点转发遥远城市有人猝死的新闻，再给自己定上5个起床闹钟？

你是不是在听闻某个朋友得了癌症后感到难过，只在难过之余，才开始有点儿担心自己？

你是不是不听家人的唠叨，偷偷在外面吃快餐，然后心怀侥幸地说疾病离自己远着呢？

很多时候你无所适从，但你正在适从。

还要这样下去吗？你可以改变这病态的当下，你也可以，一成不变。

我不知道佛系至死的时代，什么时候会走到它的悲哀尽头，但我知道，佛，是不会主动帮你实现梦想的。

你看啊，微博的头条下，依旧有很多光说不做的人，没有口水的对骂，

别装得无懈可击，
却活得软弱无力

依然热热闹闹，可在热闹中，我们也该慢慢成长了。

你的生活，不能只有谩骂，不能只有嫉妒怨恨，不能只有隔着好几个层级的不理解。你总要去完成自己的梦想吧，去告诉世界，你，并不是一条只会混吃等死的咸鱼。

趁阳光正好，趁微风不噪，趁繁花还未开至荼蘼；趁现在还很年轻，还可以走很长很长的路，还能诉说很深很深的思念；趁世界还不那么拥挤，趁飞机还没有起飞。

也许自尊会跟你说："这不可能。"也许经验会跟你说："这有风险。"也许情理会跟你说："这没意义。"

内心却在耳边轻语："试试看吧。"

越埋头苦干的员工越容易被抛弃，这个时代只看你的核心竞争力

华裔艺术家陈志勇的新作《蝉》，已于近日出版了中文简体版。

《蝉》讲述了一只来到人类钢筋水泥世界的蝉，在打拼中迷失自我的故事。

他像人类一样，穿着西服打着领带，在小格子间中任劳任怨地工作，他是一名数字录入员，17 年来，他没有犯过错误，没有请过病假，也从没有融入到人群之中，他的工作得不到认同，他忍受着同事们的霸凌，得不到应有的福利待遇，也没有得到任何晋升。

故事的最后，没有工作、没有家、没有钱的蝉，走向了摩天大楼的顶端……

书中的蝉，其实就是我们每一个职场人的缩影：没有过人的才华和能力，做着最底层的工作，出卖着自己的时间。

但是，由于可替代性太强，没有多少竞争力，自身随时有被淘汰的风险。“我把别人喝咖啡的时间都拿来工作了。”鲁迅先生恐怕没有料到，他的这句话，真的在当今职场应验。

大企业996已成家常便饭，职场上的年轻人们，没有太多时间花在思考和成长上，每个人都拼命地让自己忙碌起来，被动地听从组织的安排，生怕一不小心就遭遇裁员危机。

但即使已经足够拼命，大多数职场人仍旧面临一个严峻的问题：缺乏核心竞争力，不可替代性弱。由于没有太强的不可替代性，所以拼命让自己忙碌起来，妄图用工作量和工作时长，来提升自己的竞争力。

殊不知，这样是非常错的。机械地重复低价值的劳动，只会过度消耗自己的精力，却无法让自己从中得到提升。

《罗辑思维》的主讲人罗振宇曾说：“你的报酬不是和你的劳动成正比，而是和你的劳动的不可替代性成正比。”

那么，所谓的不可替代性，到底是什么呢？

1. 岗位的稀缺性。

比如：如果老板可以从简历中，找到一个薪资要求是5千的人，来替代你的工作，那么你的价值最高就是5千。

但如果你处于区块链行业，就大不一样了。由于前几年处于风口，对人才的需求量极大，但是有相关经验的人极少，直接导致很多只有1

年相关行业从业经验的新人，就可以拿到 5 万月薪，虽然他们此前可能并没有创造过任何价值。

2. 解决当下问题的能力。

每个公司都不招闲人，所以每一个岗位，都有对应的问题需要来解决。问题的数量和难度，都是重要的衡量指标。

比如，公司的地面，每天都需要清洁。但这个工作毫无难度，小学生都可以做的，所以清洁工的价值就很低。再比如，公司的推广方案，直接影响到公司接下来的发展方向和工作重心，涉及多部门的协调，涉及对外的沟通，涉及团队协作。

这样的工作，光是调动多人协作，就非常有难度，更别说把控好方案的可行性和效果了。有完成这样工作的能力，自身价值自然就会提高。

3. 对公司发展的辅助能力。

每一个企业，都希望能越做越好，规模越做越大，甚至开拓更多的业务领域。

在职场有句话，能者多劳，能者多得。如果一个人，不仅能完成本职工作，而且对未来规划的项目有支撑的潜力，那么他的竞争力就会高出他人一筹。

你的潜力越大，就意味着对公司的价值越高，老板对替换掉你的欲望，就越低，你的职业发展就越好。

其实，职场从不缺有能力的人，而是缺有“主人翁精神”的人。多为老板思考的人，不可替代性就越高。

4. 个人的稀缺性资源。

公司的本质是商业合作。大部分员工的资源，都是由公司提供，并协助对接的。这就是我们常说的“螺丝钉”员工，在公司设置好的孔里，完成自己的固定作用。而如果这个螺丝钉掉了，坏了，只需要换一根即可，没有差异。

但是很多总监以上级别的员工，都是自带资源的，这也是老板花大价钱来雇佣他们的原因。公司自有资源是有限的，谁能带来新的资源池，就能提供新的合作机会。你所带来的资源越多，那么你在公司内的根基也就越牢固。

企业是要盈利的，而资源的稀缺性，就是你在公司立足的最大底气。

而很多人之所以工作多年后，依然没有太强的竞争力，就是因为得过且过的心态，只是在应付自己的工作、同事、老板，而不是在考虑自己的长远发展。

没有人初入职场，就是不可替代的，他们都是在职场生涯中慢慢练习，从“小白兔”慢慢蜕变成“大咖”的。过程中，老板不会逼你，同事不会逼你，朋友不会逼你，没人会逼你。

《奇葩说》里薛兆丰曾说：“你不是为企业打工，你是在为自己的简历打工。”只有当你自己意识到，所做的一切都是为自己的时候，你才会真的蜕变。

戒不掉这些恶习，会有还不清的债

2018 已然远去，抬头一看，2019 年也耗没了俩月，而你连年度计划都还没有开始列。

人们总是会在开始的时候，一本正经地做规划，想让自己的一年甚至一生，过得与众不同，而结束的时候，却大多潦草收场、一地鸡毛。

前段时间，网上流传一句话："现在流的汗，都是年轻时脑子进的水。"

所有如今想干而未干的事、想完成而未完成的心愿所带来的挫败感，都是平时惰性养成的恶习让你欠下的债。

而这些债，如果你不戒掉这 6 条恶习，是永远还不清的。

1. 不爱自己

说不爱自己，很多人或许会摇头，怎么会呢？我最爱自己了呀。

别装得无懈可击，
却活得软弱无力

那么，请问你，你是否有这样的时候？

凌晨已过，你还在一遍又一遍地刷着微博，和微信里的他（她）聊得火热。你还在为电视剧的一个情节的发展想得心痒痒，为到底要不要继续追电视剧的下一集而纠结。

你和哥们儿在酒吧里天南海北地胡聊海喝，香烟的熏陶和酒精的麻醉让你获得片刻满足。你想睡到自然醒，可是经过一夜的时间，酒精的作用已经消失殆尽，你已经清醒地认识到，你必须回归现实，你要工作。

于是，你匆匆在路边摊买了 3 块钱的煎饼，狼吞虎咽吃进肚里，去了公司。

有些时候，你实在太困，你想多睡 5 分钟。就因为这 5 分钟，你错过了班次合适的公交车，你又舍不得打的，只能空着肚子，挤进了下一趟公交车。

早睡，对你来说永远是无法企及的梦想，近在咫尺却远在天涯。

你永远都控制不了自己划向屏幕的右手和费力睁大的双眼，你也抗拒不了酒精的诱惑和哥们儿一次又一次的盛情相邀。

2. 不求上进

你每天都很努力地上班下班，说到这里，你或许正频频点头。但你从来都是只求过得去，不求过得硬。你对自己，有过低的标准和要求。

别人花了两个晚上加班完成的方案，在评审会上收获一片好评。看他慷慨陈词、挥斥方遒，你在心里暗暗骂了句“有必要吗？”。

总部公司的选调，别人准备得昏天黑地，看他第二天顶着大大的熊猫眼来上班，刚好睡到自然醒的你调侃：“悠着点儿，在哪儿不是混？”

比你还晚几年入职的小姑娘拼命学习，考取了司法考试的A证，你工作那么久，却还没拿到C证。就因为对于下班后的3个小时，你们选择了截然不同的度过方式。

3. 懒得动

经过了一个冬天的蛰伏，你肚子上的“游泳圈”又多了一层。马上到来的春天和步步紧逼的夏天让你无限惶恐。

你像模像样地办了健身卡，置办齐了瑜伽垫、运动鞋、运动杯……连挥汗如雨后用来擦拭汗水的毛巾你都买了好几条。

可你只稀稀拉拉地去过零星几次，你总有不能坚持的理由：上班太累了，外边太冷了，有应酬了，健身班离家太远了……

一层又一层的脂肪，在厚重棉衣的包裹下悄无声息地膨胀着。夏天很快就来了，看着身边婀娜的小蛮腰们在你眼前晃来晃去，你只能用宽松的休闲装来遮蔽你那愈发壮观的“游泳圈”。

你只能在橱窗前，痴痴地欣赏紧跟潮流的修身服饰，想象它们穿在你身上的样子。你也只能在男朋友嫌弃的眼神瞥过时，从心底泛起一丝无奈和气恼。

4. 没什么爱好

不知从什么时候开始，你的爱好成了窝在沙发里抱着 iPad 打游戏，或者对着手机追剧。

你的手机被各类外卖 App 充斥，你懒得为自己或者他（她）下厨，做一顿哪怕并不美味的晚饭。

你对网上晒的各色花式的爱心早餐嗤之以鼻："谁能起这么早啊？"

阳台上的花草，你忘了浇水，有几片叶子已经发黄枯萎，蔫蔫地耷拉在花盆边上。

有些睡不着的深夜，你也想写一行字，记录下自己的心情感悟，提笔，却无语。

你想起了刚毕业的时候，为了学英语，你看了3遍英语版的《老友记》，那些自己找虐的日子，也别有一番风味。

你硬生生将一个生龙活虎的年轻人活成了一个无欲无求的垂垂老者，将本该丰富多彩的质感生活过成了粗糙乏味的样子。

5. 没有自己的圈子

很多时候，你总是一个人。你懒得社交，懒得交流，你觉得微信、陌陌和 QQ 里那一个个斑斓多姿的头像，足以满足你的社交欲，和他们聊天，你足够安全。

你很少主动联系朋友，邀请他们聚会、吃饭、聊天。你对朋友圈那些晒合照、用美颜的闺蜜们不屑一顾，心里想着，"多假"。

你骄傲地想，一个人，也可以活成一支队伍。但你又常常觉得落寞，感觉缺了点儿什么。

你忘记了你就生活在这个真实的烟火世界，这个世界没有人是一座孤岛，没有哪一款 App，能代替朋友间面对面、心贴心的交流。

你害怕伤害，害怕看到并不如你所愿的人心和一切的不美好。于是，你将自己深深裹藏。

6. 对生活没有仪式感

村上春树的“仪式是一件很重要的事情”这句话没有让你产生一丝共鸣。你觉得生活就是柴米油盐，哪来那么多花里胡哨的东西。

你绝不会在情人节送给她一束玫瑰，你觉得那是浪费。你忘记了你们的许多纪念日，让满心期待的她失望不已。你甚至忘记了自己的生日，在家人欣喜提及时，却厌倦地叨叨，年年过有什么意思？

你不明白，生活除了柴米油盐，还有诗和远方，保有仪式感，是每一个热爱生活的人所需要做到的事。

你不知道，仪式感，如平凡生活的调味剂，会让我们体味生命的多彩，经历不一样的人生。

人，是惰性极强的动物。习惯性地把自己调试到最舒适慵懒的状态，是本能。

别装得无懈可击，
却活得软弱无力

春天即将到来，不如对自己身上的恶习果断挥刀，斩断它们滋生延续的根脉，拂去遮蔽我们双眼的尘埃。

如果，没有开始时候的痛下决心和一直以来的奋力坚持，就只能吞下结束时候放纵自己的恶果。

躺着很舒服，
但会让你变得虚弱

在现代社会，我们越来越适应了高信息量的网络时代，纸质化的阅读越来越少。

书中的颜如玉，远不如网络上的“精神毒品”更有吸引力。

马云说：“办公室的书架上放书，那是给别人看的。”

王健林回应：“不看书就不看书，这这这……还说那么多……”

不管是马云所说，还是王健林所说，不管谁说，不读书这种事现在太过于常见了。

阅读习惯已经渐渐离我们远去，无论是小孩子还是成年人。即便丢了所有，也不能丢了手机。

在网络时代里，文学热潮早在几年前就已经退却，在网络上幸存的也只能说是“网络小说”了。

近些年一些自媒体索性重拾起了文字，顽强地与短视频时代进行对抗，而我们看到的这种读书热潮，可能更多的是“碎片化阅读”。

虽然不知道这“专业名词”是谁发明的，但是现在都这么叫。

什么算是碎片化阅读，比如有些人说在知乎上能学习到很多东西，了解自己领域之外的知识。

所以常常逛知乎想从中获取知识，这种方式就被称为“碎片化阅读”。

碎片化阅读有用吗？不能说没用，只能说效果略逊，远不及通过读书来获得知识更能让人对知识印象深刻。

碎片化阅读，所带来最多的不是知识，而是新鲜感。

当你触碰到一个从未了解，或者是了解不多的领域，就如同小孩子看到了新玩具一样。

可你却不会去深研，因为那样就会失去新鲜感，没了乐趣。

不读书亦是如此，有人说读书是十分枯燥的，也可以从现代家庭中看出，许多家长督促孩子学习，自己却在一旁玩着手机。

有人常常幻想，如果现实的世界，是小说里面的世界就好了。自己一定会苦练武功，到时候想要女人有女人，想要金钱有金钱，想做什么就做什么。

但事实证明，你无法获取那些财富，甚至于想破脑袋都想不出如何去赚钱。

你想着如果是小说世界，自己一定会苦心修炼，上刀山下火海。

现实社会没有那么可怕的修炼方式，公认的最简单最便捷成为“武林高人”的方式是学习与阅读。

扪心自问，你做得到吗？

没有几个人能沉下心去进行“修炼”，这世界对于大多数人而言还是公平的，至少现在是公平的。

你呢，在新手村拿着小木剑，是选择在村里面杀鸡日复一日，还是走出新手村闯出自己的天地？富二代就像是进入游戏就能获取首批内测资格的玩家，再厉害一点儿的，也不过是各种充元宝，各种吃经验丹。

在游戏界有句话：如果充不起钱，就要在土豪玩家下线的时候，拼命去“肝”。

不过怕就怕，人家不仅充钱，还比你更能干。

读书这种事，不单单是中国，放眼全世界，也依旧是公认最有效的提升自己的方法。

有人说每天的工作压力太大，能用来阅读的时间越来越少，或者说压根儿没时间去阅读。

别装得无懈可击，
却活得软弱无力

不得不说，这个社会前进的脚步迈得很大，很多人都跟不上。你以为还可以像过去一样，不读书，大不了就去当兵吗？

没时间读书这种借口法实在经不起推敲，你能腾出时间去跟小姐姐小哥哥聊，能挤出时间去抽烟，还能躺在床上玩手机打游戏到深夜，你说你没时间？

还有更扯的，就是被问到为何不去看书时，你竟然有脸说“晚上看书对眼睛不好”。

时间挤挤总是能有的，而对于看书就算拼了老命也挤不出一点儿时间。

现在部队都已经对学历有了要求，一水儿的大学生。现在去寺庙做和尚都要有学历学识，这个时代越来越看重学习。

书中的知识往往是慢慢渗透进一个人的头脑中的，可绝大多数的人，不愿意去等待那么久。

太多人已经习惯了快餐文化，浮躁的内心，早已无法获得片刻安宁。

没有鲜明的刺激感，就否定了读书的重要性，从而选择那些能够快速使自己脑细胞活跃的东西。

这样做的结果？一阵“哈哈哈”和“666”的弹幕喧嚣后，留给你的恐怕只剩一地鸡毛。

还是去读书吧。读书无关年代，不讲年龄，不分日夜，无谓假期。

毫不夸张地说，在如今这个知识至上的时代，“诗与远方”“商机与自由”“机遇与金钱”都可以在阅读中找到。

PART 3

别用嘴上的佛系，掩饰你内心的焦虑

你佛系啥啊，你那是不思进取好吗？

这两年，年轻人中间突然就流行起了佛系生活。所谓“佛系生活”，就是把佛祖无欲无求的概念偷换到自己身上，常常自称为老阿姨、怪叔叔，然后开始吐槽自己秃顶，开始使用保温壶泡菊花泡枸杞，还有一整套的词儿：

佛系交友，点赞皆缘，爱心鼓励；佛系考试，不问成败，重在参与；佛系食客，吃啥随便，永不挑剔；佛系健身，公园走走，到处瞅瞅；佛系上班，安安全全，平平淡淡……

总结下来就一句话：有也行，没有也行，不争不抢，不求输赢。

“佛系”这个词突然在中国火起来，想必是因为第一批 90 后们经过这几年社会的洗礼，逐渐认清了社会的本质、工作的本质、婚姻的本质等等真相，在时代的车轮下的无力感剧增，于是选择了这样一种心态：我无力，我无所谓，我不在乎，我逃避。

所谓的佛性，我觉得说白了就是当咸鱼，还要补一句就算当条咸鱼，也要做最咸的一条！

其实90后最大的也才30岁，但迈入社会这几年，逐渐开始认清社会的残酷和人性的复杂，知道了现实和梦想的差距。

从一开始抗拒加班到后来安慰自己："也蛮好的，回家也没事做，在公司待会儿吧。"

见过了不讲道理的客户，从一开始据理力争到后来"好好好，您说得对"。

不再和爸妈吵架互相伤害了，心里知道"谁都不容易，人生苦短"。

当年觉得"岁月静好，现世安稳"颇有诗意，如今再看这不就是逆来顺受、浑浑噩噩吗？

棱角逐渐磨成椭圆，"我想要"逐渐变成"随便吧"，正如那首《老男孩》歌词写的那样：生活像一把无情刻刀，改变了我们模样。

这波佛系，或者说丧文化的盛行，可以说是这代年轻人，对自己所无力改变的世界，最后的一点消极反抗。

不过要我说，你们也不用那么消极绝望，生活虽然沮丧，但也不至于毫无惊喜。

而且我还发现一个现象：虽然很多人在社交软件上说自己沮丧，转发各种佛系文章并配上文字“没错是我本人了”，但这帮人沮丧完了却马上就无比热爱生活地偷偷努力去了，你可别以为他真的一直沮丧。

过段时间他们很可能一不小心就保研或者升职加薪当上CEO迎娶白富美走上人生巅峰了，这和中学时代半夜偷偷复习第二天告诉你没看书没考好的基本是一拨人，你们可别上了他们的当。

偶尔丧一下缓解自己的小情绪就够了，你们一帮为了一顿烧烤、一次火锅、一盘小龙虾、一杯奶茶会去排几小时队发朋友圈的年轻人，现在的生活能绝望到哪儿去啊。

等你们熬到中年，真的油腻谢顶了，那时候才知道什么叫丧呢。

你这不是抑郁，是没钱和缺爱的正常表现

1. 不要来一场说走就走的旅行。

归来后，除了该做的事被拖延更久了，什么都没改变。

我讨厌信用卡，之前的全销户了，因为我讨厌提前透支幸福。

生活也一样，你完成了让人瞩目的事业后，完全可以提前十几年退休，然后说走就走，因为你提前完成了人生想要完成的目标。

在这之前，请别浪费自己的精力。有些东西如果还没到你该享受的时候，就别碰。每次看到诸如 1000 块钱游遍某某地方这种话题，都想回一句，穷就别瞎浪了。

2. 不要把你的不成功归纳为懒，懒是无辜的。

你的不成功，不是因为懒，懒是可以克服的。

你只是脑子比较弱（笨），没办法长时间从事高强度的思考，去解决逻辑太复杂的问题或处理体量太大的信息。所以你自己主动就放弃了，

就退缩了。

小时候没少听过诸如谁谁谁家那孩子就是懒，要是好好学肯定怎么怎么样一顿吹。家长们那是为了互相攀比找优越感，你要真信了，那就是蠢。

不信？你勤奋一个试试，看看自己是不是从好吃懒做一事无成变成忙忙碌碌一事无成。

3. 对备胎最完美的诠释。

优秀的女生在脆弱（比如恋爱失败、工作不如意）的时候，会需要比平时更多的关爱，于是会和更多的人交流。

如果她在恢复正常后，回到了自己原来的圈子，不再理你，请你不要奇怪。

别信奉见缝插针的理论，不是你的终究会离开。当你觉得自己被欺骗了，还不如说是你自己欺骗自己，这很丢人。

4. 吹牛皮总是最容易的。

有段时间，我朋友圈里有两拨学生在激烈争论：一方认为应该利用业余时间去旅游、去流浪、去支教，尽情体验生活；另一拨认为业余时间应当用来学英语、考雅思、做实习，为事业做储备。

两拨人公说公有理婆说婆有理，争得难分高下。

如今再看，两拨人没什么区别，第一拨没有去旅游，第二拨也没有去学英语，他们的业余时间都用来刷朋友圈了。说到这里，我就想起那些整天在我文章下面叨叨这篇不够毒那篇不够狠你应该这样这样否则那样那样的自命不凡的热心网友，也不知道现实里他们到底在干啥，估计八成是在用小米手机转发 iPhone X 抽奖的消息吧。

5. 相由心生，颜值就是正义。

几年前 BBS 上有女生写道：不知为什么，每次有丑男看我，我都感觉他很猥琐，特别反感，但帅哥看我我就感觉很好。

今日又看到有男生写：我发现我老是喜欢抢着给漂亮的女生帮忙，不自觉地就会问她需要什么，但每次丑女让我帮忙，我就想说：“你自己不会干吗？”

然后我就想了想自己，发现我也是这样哦。申请加我微信的人特别多，我只挑了一部分通过，对，就是头像比较好看、比较帅的那些。

6. 年轻人，不要通过高端消费来营造自己高收入的虚拟假象。

朋友圈里总会有人时不时晒一些奢侈品或者很高端的活动。实际情况是这样的：他们有一对厉害的爹妈或者有一对平凡的爹妈。前者有资本，后者没资本。前者坑父母，后者啃父母。

一个人只要不脑残，对他自己辛苦赚的钱，是绝对不会大手大脚去用的，因为他们知道自己的每一分钱都是血汗钱。

随便翻翻好友列表里真正事业有成的人看看，他在朋友圈里是整天晒钞票还是整天晒公司动态啊？

别装得无懈可击，
却活得软弱无力

7. 你不是抑郁，你是没钱和缺爱的正常表现。

你去找心理医生看抑郁症，他听完你的陈述，说道："如果你说的都真的话，你这不是抑郁症……"

抑郁症是看事情悲观，本来好，却认为不行。你是本来就过得不如别人。

所以，你们根本就没有抑郁症，你们只是在怨天尤人，你们生活不如意，都是你们自己造成的。

你们只是在意淫妄想，如果你能每天保证照照镜子，就不会得抑郁症，就会心安理得。

8. 为什么总是"我弱我有理"？

敏感是怎么回事？同样一件事情，自己比别人更容易把它视为挫折。脆弱是怎么回事？同样的挫折，让自己产生的负面情绪比别人更多。抑郁是怎么回事？同样的负面情绪，自己从中恢复过来比别人要花更多的时间和精力。弱者是怎么回事？集齐敏感、脆弱、抑郁三种问题情绪的精英人士，这么牛逼的人，可不说啥都有理？

9. 每天思念着不该思念的人，做着与现实无关的事。

羡慕着有钱人的生活，没自己的房子，没自己的车，却还无视现实，刷光兜里的卡，买来一系列名贵衣服和高档化妆品，靠那些外在满足自己的意淫。

你每天早起一小时，去单位安排一整天的工作有多好。你一直都在做错误的事。也难怪思念的人不属于你，诱人的物质与你无关。

10. 看见平凡，才是唯一的答案?

一转眼，这一年又过半，一事无成，一塌糊涂，一路迷茫。等待你的不会是新的篇章，除了每日按部就班日复一日无可奈何地过活，你还想指望有什么改变?

少年，去年的 12 月份你又在干什么？每年过得就是这么快。快到你还来不及去改变，人就又老了。

现实就是这么无情，如果你没勇气去探寻自己的原罪，那么随波逐流地老去，也挺好。

谈钱挺俗的，但没钱也是万万不行的

发现了一个现象，很多人都是羞于谈钱的，一谈到钱就会觉得不好意思。

总觉得自己没能力，也没自信和别人谈钱，但事事都不谈钱的后果，就是真的没有钱。

可以看看微博上那些歌颂生命快乐、鄙视别人努力工作、批判金钱罪恶的人，大都是些什么货色，从他们用来发布微博的手机即可看出（某微博大 V 甚至总结出一个 ×× 定律）。

归根到底，事事不谈钱说钱不重要，是处于低位的人，因为自卑的心理，想通过口头吹牛让别人瞧得起自己，好威风一把，但这更凸显了他们的无知和可怜。

一男性朋友，5 年前认识他的时候，他在创业。

我当时问他做这个事情能不能赚钱，他回答我，一开始不要只想着钱，要享受这个过程，只要帮助到客户了，后续钱自然会来。

结果我前两天见到他，他还是和 5 年前一样，坐在出租房里的老旧电脑前，快乐地为客户奉献着光和热。

没有结果的过程，都是白费。

杨昌溢说："'钱不重要'这句话，只能对未满 18 岁的人说，只要独立生活了，需要花钱的地方，无处不在。"

刚走出校门的时候，我也是个理想主义者，觉得谈钱太庸俗，诗与远方最重要。

可是当我真的开始经济独立，不再向家里伸手要钱了，才明白精神上的自由，一定要建立在经济基础上。

想要活得好，就一定要谈钱，有钱了，生活才有更多选择。

钱是庸俗的，却也是有温度的，是最基本的依靠和保障。

爱谈理想，装神弄鬼，告诉你钱不重要，物质不重要的人，都是骗子。

谁这么跟你说话，你就让他把他"认为不重要"的钱给你。

因为有钱才能让你体面地活着，有钱才能做自己喜欢的事。

这社会只看结果，你思想再高尚，如果没钱，也不会有尊严地活着。

很多人一谈钱就变脸，立马丑恶嘴脸相向，不谈钱还好说，就是不能动真格谈钱谈利益。

事实上只有谈钱的人，才是靠谱的人、敞亮的人，职场跟感情也一样。

这些不谈钱的人，给你绘蓝图画大饼，满嘴说着给你理想，其实最后一分钱也没到你手里，让你办事最后还忽悠你，就像那些高呼“996万岁”、压榨劳动人民的资本家一样。

先把钱谈好、把利益分配好的人，反而诚实可靠。

放眼望去，那些商业大佬、导演明星，哪个不是事先把钱谈好，把合同订好再开展合作的？私交再好，也要亲兄弟明算账，私交归私交，利益归利益。

只有事先把利益分配清楚，才能省下以后因账没算清而抠抠搜搜斤斤计较的精力，从而实现良性循环，强强联合，齐心协力把路越走越宽。

最后即使失败了也能落下一个“买卖不成仁义在”，大家还是好朋友。

没有钱的时候，钱确实太重要了，人一定要为五斗米折腰，学会利字当头，不要不好意思。

君子爱财，取之有道，只要是从正当渠道挣来的钱就是本事，是无可厚非的。

光明正大地挣钱，自然会被越来越多的人尊重，不能说钱不重要，千万不要羞于谈钱。

羞于谈钱，与世无争，连进人生竞技场的资格都没有，好的待遇是要自己厚着脸皮去争取的，不懂争取畏畏缩缩的人，迟早会被淘汰。

这是一个弱肉强食的社会，只有敢于为自己利益做斗争的人，才能通吃通赢。

不思进取、羞于谈钱的人，在现实生活中只能成为钱的奴隶。

说穷富都一样、平平淡淡的，那是有钱人洗尽铅华历尽繁荣之后，忽悠小年轻的话。

很多人明明贫困交加了，还屁颠屁颠地跑去喝这些鸡汤，结果鸡没了，汤也洒了。

伍尔夫在《一间自己的房间》里写道："希望你们可以尽己所能，想方设法给自己挣到足够的钱，好去旅游，去无所事事，去思索世界的未来或过去，去看书、做梦或是在街头闲逛，让思考的鱼线深深沉入这条溪流中去。"

如果没有钱，连你的诗和远方，也不过是黄粱一梦罢了。

看重钱的力量，就是尊重自己。

明白钱的意义，绝不是一张张纸，而是它能换来的生活。

生活已经很苦了，不要让自己再受委屈

“吃亏是福”，这句话相信大家都不陌生，“忍一时风平浪静，退一步海阔天空”，很多人从小也是被这样教育着长大的。

但我想说，在现实生活中，很多时候，吃亏和忍让都并不能换来理解，反而是变本加厉的欺负。

我上大学的时候，很多人喜欢玩网游，不少男生天天沉浸在游戏氛围中，寝室堪比网吧。

可并不是每个人都喜欢打游戏，更不是每个人都受得了晚上键盘噼里啪啦地响，还时不时地吼几嗓子、半夜都没法休息的寝室环境。

刚开始大家不熟，也不好意思斤斤计较，实在忍不住了会善意地提醒那些打游戏的同学，让他们尽量注意下。可后来大家发现，提意见根本没用，那些打游戏的同学依然我行我素，全都一副死猪不怕开水烫的架势。

时间久了有人忍不了了，他们开始在校园论坛上发帖抱怨，越来越多学生加入了声讨大军，最后他们联名向教育局写了一封投诉信，表达对学校管理制度的不满。

最后，逼得学校紧急出了新规：晚上 11 点之后集体断电断网。

这下，大家都能好好睡觉了。寝室之间也再没有因为打游戏的事出现过矛盾。

我的一个女性好友，被一个同事表达了爱意。接触了几次发现不太合适，就没再继续。

可是这男的不死心，朋友圈里发各种秀暧昧的话，秀自己多么一往情深，回忆俩人往日亲热的点滴（当然，内容都是编的），一副痴情暖男人设，看得同事们都觉得女生不知道珍惜。

后来不知道是不是魔怔了，更变本加厉，完全没有退却的意思。为了让别的男生都远离她，到处胡说俩人现在同居，弄得朋友一度都抑郁了。

我们一个朋友出了个大招：让她把公司所有人包括大领导都拉到一个群里，把同事的骚扰截图，事实真相全部发出来，要求这男的当面对质，并“@”了公司领导问该怎么处理，还给公司扣了一个大帽子——我们公司男员工性骚扰女同事，公司不管不问，那只能求助于网络曝光了。

公司领导一脸懵，但是显然不想给自己惹麻烦，很快就找这男的谈话了。

别装得无懈可击，
却活得软弱无力

这回大家都知道怎么回事了，男的面子挂不住，在这公司是没法混了，没多久就灰溜溜地辞职了，骚扰当然也没了。

我们小区的业主群一直挺安静的，上个周末它却突然热闹起来。

点进去一看，原来是小区东区莫名多了几个 4 米多高的三角形广告牌，严重影响了周边几栋楼的采光。

一方面，建设任何设施，都需要属地同意的，而我们小区内的这几个广告牌，建起来之前却没有给我们任何通知；另一方面，这个广告牌的收益又是谁的？凭什么免费放在我们小区内？

群里的邻居们一琢磨，这显然是物业为了牟取额外利益，私自设立的，气愤之余大家都不知道该如何解决。

好在其中一位业主，有过法律咨询经验。在他的指引下，业主们开始分批向市长热线反应问题。

由于短时间内收到大量举报电话，仅仅四小时后，拆除通知就来了。

这三件事互不相干，但却以相同的手段达到了期望的结局。

以前我发过这样一个段子：

“世间有人谤我、欺我、辱我、笑我、轻我、贱我、恶我、骗我，如何处置乎？”

“只是忍他、让他、由他、避他、耐他、敬他、不要理他，再待几年，你且看他。”

“看过了，他过得比我好多了。”

我们从小到大接受的教育都是，家长老师们，都极力反对“以暴制暴”的解决问题方式。但有些人，根本无法沟通，你跟他讲道理，他跟你耍流氓，温和的方式根本没用，只会让对方得寸进尺。

为避免这种窝囊事发生在自己头上，捍卫自身的正当权利，有时候你就要强硬一点儿，吃亏不是福，学会反抗和保护自己才是。

炫耀是
自卑的一面镜子

亦舒说："真正有气质的淑女，从不炫耀她所拥有的一切，她不告诉人她读过什么书，去过什么地方，有多少件衣裳，买过什么珠宝，因她没有自卑感。"

亦舒早就已经告诉我们这个道理：过度炫耀的人是自卑的。

我曾听过这样一句话："我真心希望你过得好，但也真的希望你过得没我好。"

甚至我曾听过这样一种观点，每个人身边都要有一个某些方面的条件不如自己的朋友，这样的友谊才可以长久。

因为每个人都需要一些认同感，都需要一点优越感，以便让自己的人生显得没那么苦闷。

炫耀是一种人之常情，但过度的炫耀则是一种病态。

有的人炫耀只是为了获得他人的认同，懂得适可而止，但过度炫耀的人不是，炫耀已经成了他们生命的重心，势必要在比较中取得胜利，没有得到他人的夸赞，他们的努力仿佛就失去了意义。

自卑虽是与骄傲相对，但实际却与骄傲最为接近，炫耀是自卑的一面镜子。

内心深处存在自卑感的人，往往有着过强的自尊心。

越是自卑的人，就越担心他人嘲讽自己的不足，就越需要通过证明自己的优秀来掩盖内心的恐惧。

他们试图通过炫耀自己，获得他人的崇拜，甚至通过贬低别人来证明自己的优秀，找到自身存在的价值。而这样的人通常会让自己陷入无尽的焦虑与痛苦之中，人生也会变得紧绷与压力十足。

因为只有不停地超越别人，才能获得炫耀的机会，为了持续性地获得别人的崇拜只能时刻处于备战状态不敢停下来。

但是自我的能力总是有限的，人们无法在各方面都超越别人，更不可能去抑制他人的进步，一旦失去了优越感，将会陷入焦虑甚至崩溃状态。

我有一个朋友，她有着优渥的家境、爱她的老公和不错的外貌，前段时间她又跳槽去了一家世界五百强公司，她的生活已经让很多人羡慕了，可没想到她却并不快乐。

她因为童年的一些经历，内心有些自卑，需要他人的肯定来获得自我认同。

但是名企优秀的人才比比皆是，虽然她已经很优秀了，但在现在的环境中只是一个中等偏上一点儿的普通人。

她开始害怕，她不停地盯着别人的优点，不停地和他人比较，试图成为最优秀的那个人，可是即使她已经很努力，也没有办法在短期内超过他人。

于是，她开始过分夸大她的优点，同时不停地贬低别人，在条件不如她的人面前炫耀，试图找回自信。

可是这种行为非但无法使她获得他人的羡慕，反而让她得到了疏远和厌恶，没多久她就因为被同事疏远，工作不顺心而自请离职了。

每个人都是周围人的一面镜子，没有人能够平静地接受自己是人群中的失败者，没有人甘心做衬托别人的背景板。

情感是守恒的，你从别人身上得到了一份成就感，别人就会从你身上得到一份挫败感。

不顾他人的感受过度炫耀自己，会让别人失去和你相处的舒适感，会让别人渐渐远离你，而最终你也会迷失和伤害自己。

有自卑感的人大多数会为了取得优越地位，而加深自己的错误。这种自卑感和焦虑感，不仅害了自己，还伤害了爱自己的人。

我那个朋友失去了工作，不过依然可以凭借优越的家庭条件和会赚钱的老公衣食无忧。但是，她反而更焦虑了，甚至和老公的感情也陷入了危机。

离职后休息在家的她并没有真正放松下来，而是把她自己那根紧绷的弦转移到了老公身上，她开始不停地拿老公和别人比较，不停地督促老公上进。

她老公本来对现在的生活很满意，也很快乐，但在她的逼迫下也陷入了烦躁和压力中。

自卑感的产生，是因为没有正确的自我认知。忽视自己的优点，夸大自身的缺点，在内心深处认为自己是一个不够优秀的人。

每个人总是以他人为镜子来认识自己，但自卑的人只能看到他人的优点，并不断地拿自己的缺点和别人的优点比较。

就像我的朋友，她会因为自己的一点不足而陷入自我怀疑，只有当绝大方面都强于别人时，她才能感到舒适感和认同感，这是因为她没有客观地认识自己。

要知道，没有任何一个人能够比所有人都优秀，没有缺点的人不是一个完整的人，学会客观地评价他人和自己，学会接受不完美的自己。

努力地追求优秀会让你更强大，但是比起做一个优秀的人，更重要的是做一个幸福快乐的人。

痛苦和焦虑逼迫下的成功，其实也是一种失败。学会接受自己，真诚地赞美自己。

爱自己的人，才会得到别人的爱。

拼多多都被你拼上市了，而你得到了什么？

前两天，一个久未联系的微信好友，头像右上角忽然多了一个红点。我满心欢喜如等待开奖般去点开，结果却见到一个帮忙砍价的拼多多链接。

心情瞬间变得很丧，我们之间的聊天，没有问候寒暄，更无倾诉交流，只硬生生地横亘着一个赤裸裸的帮忙砍价的链接。

瞬间有了拉黑他的冲动。

这年头，只要是用手机用微信的人，就没几个不对那些无聊小程序不胜其烦的。价格冰点、互相砍价、优惠互利是商家一直以来鼓吹呐喊的噱头，但实际上呢？

到底会不会发货还不一定。

一群热衷于挤破头皮凑热闹的男男女女，被越拼越便宜、越拼越实惠的营销套路蒙蔽了双眼，在朋友圈里、微信群里，肆意无度地转发着各种各样的拼团链接。

但实际上呢？就在你暗自庆幸拼来了价格低廉、实惠平民的商品的瞬间，就在你痴迷陶醉的一拼一拼中，你已拼掉了太多。

1. 拼掉了人脉

你不知道，在接连不断收到你拼团链接的瞬间，那个你发消息的对象，是有多烦。

在这个时间就是金钱的现代社会，每个人每天都要接收大量的信息，都要从数以千万计的信息中，如披沙拣金般获取对自己有用的资源。

你发消息，对面的那个人，总要浪费一点时间，轻触点开，然后扫过一眼，再碍于情面，顺手帮你砍上一刀。千万别说只是一眼，只浪费他几秒，又会如何？

但就是这一瞬间，或许对于别人来说，就是一个获取其他有用信息的时间，从而错过了一个重要的机会。

毕竟，谁都没有义务为你想要的蝇头小利买单。

你可能永远也不会知道，很多时候，他帮你砍价了，你的目的达到了，但你在他心里的形象，也会瞬间坍塌，直接固化为品位低下、贪图小利的小市民。

很多时候，你拼来了低价，却失去了人脉。

2. 拼掉了时间

有句话说得好，你的时间花在哪里，你就会成为什么样的人。要知道，你的时间，就在一拼一拼、一转一发间悄悄流逝。

畅销书《管道的故事》，讲述了一个发人深省的故事。A 和 B 二人都得到一个工作，就是需要长年累月，把河水运到村广场的水缸里。

刚开始的时候，两个人都抓起两只水桶奔向河边，挑水到村广场。可是几天过后，两人渐渐有了不同。

A 依然每天挑水去村广场，但是 B 白天提水，晚上和周末利用休息时间挖出了一条输水管道。

几年后，B 不工作了，他每天躺在家里睡大觉，但是他依然能获得来自管道的收益，而且比仍在挑水的 A 收入多 n 倍。

A 只会用自己的蛮力干活赚钱，而 B 早就学会了利用管道赚钱，他拼的是睡后收入。

你花时间在求助别人帮忙砍价、获取利益上，他花时间在自己努力、拼命赚钱上，若干年后，他或许早已享受别样人生，而你，一定还是那个只想省钱，却永远没钱的穷人。

3. 拼掉了机会

以前听过一个段子，说的是如果有一张百元美钞掉到地上，比尔·盖茨是不会去捡的，因为在他弯腰耗费的那一瞬间，他创造的价值远远高于这 100 美金。

经济学上有个概念，叫机会成本，指的是从事某项经营活动而放弃另一项经营活动的机会，或利用一定资源获得某种收入时所放弃的另一种收入。

100 美金，远低于比尔·盖茨一个弯腰的机会成本。

经济学告诉我们，当有限的资源得到最佳配置，实际收益大于机会成本，你才是获利的。

用经济学的理论重新解读拼多多，你玩了拼多多，你的精力用在了拼团降价上，你的机会成本，就是你为此付出的努力和所花费的精力，你就必须为你的机会成本买单。

4. 拼掉了思维

美国哈佛大学行为经济学教授纳什曾经做过一个实验，在印度克延比都蔬菜市场，生活着一群很穷的小商贩。

每天清晨，他们会向富人借 1000 卢比，然后去进货，卖完可收回 1100 卢比，而晚上，他们要还给富人 1050 卢比。

也就是说，他们一天的收入是 50 卢比。后来纳什告诉小贩们说，只要小贩不把这 50 卢比全花掉，每天省下 5 卢比用于第二天进货。

由于复利效应，他们只需要 50 天，就不用再去借这 1000 卢比的本钱了。从此，他们收入就会节节攀升，这样美好的结果，几乎是触手可及。

但是，没有一个小商贩这样做。“他们天天就那样重复着，分出利息达 9 年之久。”因为和眼前的温饱相比，他们根本没有兴趣花时间去思考未来的长线回报，因为从不考虑更优方案来解决问题，所以又陷入了靠借钱度日的死循环中。

看看，习惯于拼团求利，却不想开源创利的你，与这些小贩是何其相似。生活迟早会告诉你，过去不按思维而生活，终将有一天按照生活而思维。

拼多多，拼来的并不多，拼掉的却不少。作家茨威格曾说过，“所有命运的馈赠，早已暗中标好了价码。”你轻松拼来的优惠，一定会有代价更高的失去。

只不过这失去的到来，或迟，或早而已。

“什么时候该买奢侈品？”
“当你觉得它不贵的时候。”

今天就是一年一度的中国传统的七夕了。

现在我国除了清明，其他的不论什么节，都能给过成情人节，而且打开方式都是买买买……

毕竟“仪式感”不能少，最能简单粗暴体现仪式感的，只有钞票。

至于这些节日原本的庆祝方式是什么，不重要。

和所谓的“仪式感”以及节日庆祝方式一同跑偏的，还有所谓的“女权主义”。

现在的好多为新时代女性发声的自媒体，为了搏出位，真是什么鬼话都敢讲。

诸位的朋友圈，一定出现过诸如《不给你买 YSL 的男友就是不爱你》《找个舍得为你付出全部的男友才会幸福》之类的爆文。

每逢重大节日，这些文章都会换汤不换药地招摇过市一遍。

它们的主要观点和逻辑大体是这样的：男生就应该无条件为女生花钱，不舍得就是渣男；男生就应该鞍前马后，任劳任怨，什么，你做不到？那你活该被甩，活该没有女朋友；男朋友就应该记得住女朋友的口红色号、日常喜好、各种纪念日，不知道？分手！

不可思议的是，这些观点居然会有大批拥趸，甚至还要逐条对照严格执行。

然而，这些脑残观点，不过是自媒体为了蹭热点在秀下限而已。人家的主旨是圈钱，才没有什么“指导你人生的责任感”。

你要是信了，还把这些当作人生信条，那你本来就很咸鱼的人生只能更糟。

想要摆脱咸鱼人生，最重要的是要转变思想，重塑三观。

首先我们需要对“女权”有正确的认知，忘记田园女权的这些奇葩观点。

不论“男权”“女权”，都不属于特权，任何事都应该是和谐平等的。

爱情是互相成就，互相欣赏。不能是一方不断索取，另一方不断付出。

设想一下，你要是个男的，会不会喜欢现在这样又穷又作的自己？愿不愿意为了这样的女生无条件付出一切？你都不能肯定，凭什么要求别人无怨无悔？

无论什么时候，都请置顶自己的赚钱能力，想要的东西自己要有能力买。

大清亡了好些年了，但是在当今这个时代，还有不少姑娘抱着找“长期饭票”的心态找男友，这一点也是相当落伍。

我之前写过，所谓真爱也是充满铜臭味的。

你是什么样的人，自然就可以吸引到什么样的人。

你自己是个弱者，能看上你的也不会是什么“潜力股”。“捡漏”在婚恋市场是不存在的，真捡到了，八成是因为当时你履历造假，吹牛还没被识破，玩了一把骗婚把戏而已。

当你自己有钱的时候，世界就会变得不一样。

有人问：“什么时候买奢侈品比较合适？”我的回答就是，当你觉得它不贵的时候。

先有安身立命的资本，才有资格去谈爱别人，学会爱别人，才有资格让别人爱自己。

先后顺序很重要，那种张口就要求别人如何如何爱自己的，都是耍流氓。

付出的幸福感和成就感，远大于索取。更何况吃人嘴短拿人手短，什么都花男朋友的钱，吵架的时候都底气不足吧？

这是一个靠山山倒、靠人人跑的年代。不拘泥眼前，放大格局才能有幸福感。

相比要礼物，自己赚钱买花戴，才是最牛的。当你优秀又有钱的时候，身边自然不缺送你礼物的人。

什么都不做，每天就幻想着霸道总裁爱上你？能混成霸道总裁的，脑子可没你这么不好使。

踩到这四个雷，离毁掉自己的一生也就不远了

普通人一生的四个阶段：心比天高的无知与快乐，愧不如人的奋斗与煎熬，毫无回报的愤懑与失望，坦然自若的平凡和颓废。

你走到哪一步了？

关注我的公众号的朋友，想必都对这段话印象深刻。这世上每个人，都曾自命不凡，觉得自己是真命天子，梦想度过一个梦幻般完美的一生。

然而，随着年龄、社会阅历的逐步增长，我们越发认清，这有多不现实。甚至连做个普通人，都需要不小的努力。

就这样，你既不甘心，又不想奋斗，在不停的纠结中，耗过了一个又一个春秋。人到中年，看看一事无成的自己，回首过去，只能无限感慨，我的人生怎么就熬成这样了？

1. 没本事赚想赚的钱。

当生活一步步在你面前露出原形，你才知道钱不重要的那些言论真

是错得离谱。有时，你也想不通，凭什么那些老板，资产可以上千亿，经常豪迈地占据着财富榜前几位的位置。

那些明星，只要浓妆艳抹搔首弄姿地露个脸拍几个广告，就可以轻轻松松赚得好几个亿。还有，虽然没赚那么多，但也常常在你面前显摆他们风光生活的身边人，凭什么他们就可以赚足够多的钱，过着想过的生活？

看了太多，想了太多，你终于明白，这个世界上，就是有人在过着你想要的生活。

你也懊恼，凭什么你就要这样辛辛苦苦起早贪黑地上班下班，在弥漫着浓浓韭菜味的车厢里和一帮与你有着相似命运的人抢着本来就少得可怜的那点地盘？

但是，你看人家开大的公司，当大老板，你有投资的本钱和魄力吗？你也想学人家拍个小广告赚点小钱，但你颜值够吗？你也想像隔壁老王那样轻松在家动动手指写点文章就能出书得版税，但你肚子里有货吗？

在这个遍地都是机会、人人都有成功机会的新时代，人人都想赚足够多的钱，但却不是人人都有赚钱的能力。

2. 没时间做想做的事。

一年365天，有250天，你在上班，有85天，你在加班，剩下的30天，有10天，你得陪老婆孩子，10天，你得回家看父母，5天，你要参加各种必要的应酬，剩下的 5 天，你还生病了，吃了一大堆花花绿绿让你昏昏欲睡的药片，蜷缩在被子里。

你也知道熬夜不好，看网上那些《熬夜的人脑子里都是垃圾》《熬夜，下一个死的就是你》在朋友圈疯传，你真想骂一句："是我想熬夜的吗？"

你得赶在晚上 11 点，加班做完第二天必须提交的文案。你要哄睡着哭闹不休的孩子，才有上厕所的时间。你要陪客户喝酒聊天到半夜，那个项目才有属于你的可能性。但你也是人，你也有七情六欲、需求向往。

你也会在情感受挫的时候，想花点时间阅读那些情感大咖的文章，好给自己一丝慰藉。你也想追时下火热的大剧，好不被同事说落伍。你也想时不时出去旅个游，放松一下身心。你也体谅父母的苦，想多花点时间陪他们，教给他们微信的用法。

你想做的事太多，需要你的人也太多，而你，真正留给自己的时间又有多少？

所以，你想做的事总是一拖再拖，想实现的愿望也一再搁浅。

3. 没资格爱喜欢的人。

有一首歌这样唱道："你想要的我无法给予，看你坐着小车潇洒远去，留下我独自淋湿在雨里。"现在，你越来越深刻地体会到这种心酸和无奈。

你深爱着她，但却不能给她她想要的幸福。美好如她，更好的前途、更优越的生活环境都该属于她，而你，却给不了她太多。

给不了她想要的生活，最好的结果，就是放她走。

但是，那钻心的疼，却让你在无数个夜里辗转反侧、彻夜难眠。人这一生，还有比爱而不得更痛苦的事吗？

你也知道你该努力，但是，时间能等吗？她能等吗？结果一定会好吗？没办法，该放手的时候，再伤心，也得放。

4. 没能力养你爱的人。

有了孩子，你才知道，这个世界上还有这么可爱的一种生物，而且，他（她）的血管里还流着你的血。所以，你想把一切最好的东西都给他（她）。

但现在你才知道，不能让孩子输在起跑线上这话原来是骗人的。事实是，别人家的孩子已经赢在了娘胎里。

从他在妈妈肚子里像苹果籽那么大的时候，别人家的媳妇，已经吃上了各种进口营养品加维生素加钙，而你的媳妇呢？还跟着你吃着路边摊。

孩子出生了，长大了，你也想让他上好的幼儿园、小学、中学、大学，想给他良好的教育，但不菲的一笔费用却让你望洋兴叹。

最后，也只是上了普通的幼儿园、普通的小学、普通的中学和大学，过着和你一样普通的人生。

二孩政策放开了，于是，你也跟着风，争抢着生了二孩。在总收入没上涨的情况下，总支出的快速增长，让养一个孩子就已经力不从心的日子变得更加捉襟见肘。

于是，普通的幼儿园、小学、中学、大学再统统降低一个等次，让他们普通的人生，从一开始，就变得更加普通。你忙，孩子的妈也忙，并没有过多时间给他们精细的教育。

他们中的一个，最近还让你上了新闻热搜，因为他竟然学着坏孩子的样子，踢了小区里孕妇的肚子，搞得人家差点儿流产。孕妇一家人扬言，要有个好歹，就将你活剥。

你无奈，你揪心，好好的一个孩子怎么就变成了这样？

有人说，人生就像一棵树，树上都是猴子，往上看都是屁股，往下看，都是笑脸。这个世界很残酷，趋利避害是人性使然，丛林法则是真相规律。

有一句话说得好，获得某种东西最好的方法，就是让自己有能力配得上它。这样的能力，你值得拥有。

成年人的世界里，从没有“容易”二字。

谁都不想浑浑噩噩混得半死不活，但是，梦想中的完美人生，你配吗？

为什么很多优秀的女孩反而单着?

最近，朋友圈有不少人感慨，身边很多优秀的女孩子，都单身，大家都大呼好男人都去哪儿了。

据说这些优秀的女孩，她们不撒娇很坚强，她们经济独立、温柔贤惠。

她们很平凡，不会招蜂引蝶，喜欢了不会主动就只会被动，难过了不会柔弱就只会笑着转身然后偷偷哭。

都很优秀，但就是没有男朋友……

还没说完我就听不下去了，什么时候“优秀”和“美女”一样烂大街了啊?

用直白的话翻译下上述女孩的特点：她们不需要别人的安慰，不依赖人；她们可以自己买自己喜欢的东西，不需要靠别人；她们长相一般，没有男生追；她们不擅长表达思想，缺乏主动性；她们遇到困难只会掩饰，从不随意表露自己的内心。

实在看不出这些点和优秀有啥关系，这条件单身不是很正常吗？你的潜意识觉得她们优秀，其实是你对什么是优秀的女孩，标准低罢了。

和几十年前女性没地位没文化甚至连名字都是某某氏相比，现在受过教育的女性只要别太过分，稍微独立点儿，社会和她们自己都会觉得自己条件不错。

一个女生颜值过得去，有份体面的工作，有个本科以上的学历，身材不太胖穿衣别太土，如果再会个烘焙还没事就旅个游，这个女生就“优秀”了。

可是，如果相同的条件是个男的呢？那就是个很普通的人啊，就电视剧里只能活一集还没台词的那种路人甲。

女人眼中的优秀和男人眼中的优秀根本就不是同一种优秀。

大多数男人对女人爱搞的那些小资文艺的东西并不感冒，就像大多数女人对男人看球赛玩游戏有意见一样。

所以男人眼中的好男人找不到女朋友，女人眼中的好女人找不到男朋友。

现在女权意识越来越强，“优秀”的标准自然也不该再男女有别。如果满分是 10 分的话，你会发现，大部分所谓“优秀”的女生，只不过是个 6 分的普通人。

根据二八定律，10 个男人最多有 2 个人能到 8 分以上，大部分都在 6 分及以下，女生也一样。

但尴尬的是，10个女人中有8个觉得自己应该配8分以上的男人，而那仅有的2个8分以上的男生早就和那2个8分以上的女生在一起了，留下一堆自认为8分的女生独自等待。

再说说那些不单身的女生吧，我觉得整体质量明显比单身的要更高啊，没觉得人家比你们不独立不坚强不懂事啊，而且喜欢作的比例明显小很多好吗？

明明你们就是一群普通人，非听信朋友间的互相吹捧，结果真自以为是地认为普通男都配不上你，而优秀的男人又都瞎了，这才是你单身的真相。早点认清自我找个老实人吧。

那么如何判断自己是否真的优秀呢？

很简单，优秀不是厕所，不分男女。如果你给自己换个性别，发现自己很一般，那你就是很一般。

PART 4

成长这件事，请你别介意

朋友圈“一个月可见”：维持成年人的体面到底有多难？

你的朋友圈，是什么时候开始有限制的？

如果你新认识一位朋友，加上微信后，第一件事是做什么？

不会着急发消息，也不会随意点赞评论，要做的第一件事就是偷偷翻对方的朋友圈。

如果对方经常发美食和自拍，可能是一个热爱生活的人，有爱心、有耐心；如果经常晒小动物，那么他（她）内心大多温柔细腻，有爱心，还存着天真；如果对方经常发一些加班工作的照片或视频，对方极有可能是个工作狂，会努力、有上进心。

……

我们对于别人的猜测，来自对方的朋友圈，反过来，对方对于我们的第一印象，同样来自于朋友圈。

其实很多时候，一个人的朋友圈，往往透露着他（她）的众多秘密。

不知道从什么时候开始，我们习惯隔着屏幕与别人交流，在社交软件上可以聊得热火朝天，可是当真正见了面的时候，气氛总会冷到冰点、相视无言。

我们开始不愿意与别人交流，开始把所有的心事都隐藏起来，把所有的秘密都关进了朋友圈。

我们在朋友圈记录自己的心情、吐槽身边的奇葩，我们把朋友圈当作自己的情感树洞，向其倾吐所有的秘密和烦恼。

可是随着微信好友的增多，越来越多人对你的朋友圈感兴趣，越来越多的人对你的自拍和心事品头论足。

你努力保持的体面，在朋友圈里被一览无余，被看得清清楚楚。

你开始厌烦，在评论区打出：我发朋友圈，关你们屁事？

可是还是一个字一个字地删掉，点开设置，勾选了“朋友圈三天可见”。

你的朋友圈里，是不是早就没有朋友了？

之前华为拍摄了一个短片，真实地反映现代人的社交状况：“除去点赞之交，你还有多少真朋友？”

片头说：“每个人一生会认识大约 27000 人。”于是他们想测试每个人的微信里，到底还有多少真正的好友。

别装得无懈可击，
却活得软弱无力

最开始，很多人都以为自己的微信通讯录里只有几百人，但实际数量都上千，很多陌生名字躺在微信列表里，聊天记录还停留在那句：你已添加 ×× 为好友，现在可以开始聊天了。

在删掉那些不曾聊天、只是工作应酬的好友后，数字出来了：1049人剩下 3 人，1135 人剩下 3 人……

而剩下那寥寥无几的朋友中，有一些上次联系已经是 2 年前了。

那些从未有交集的好友，就像是陈列在柜台上的商品，琳琅满目，却都加上了玻璃隔板，一派繁荣祥和的背后，是只有自己才知道的心酸。

从小时候逢年过节，被父母要求在亲戚朋友面前表演才艺，到长大后在应酬场合被各种眼神示意敬酒，我们早已不再是我们自己。

这种“身不由己”一直伴随着我们长大，没有减退，反而有愈演愈烈的趋势。

同事、上司发来的消息动辄 999+，不熟的朋友间接发来帮忙投票的消息，微商、代购，动辄刷屏，有征求意见，就被拉进莫名其妙的群，明明都不熟，却三番五次让帮忙砍价抢优惠……

看着微信好友超过 1000，每天朋友圈刷不到底，可是当自己真正有心事想找人倾诉时，却发现可以打扰的人寥寥无几。

我们努力保持的假象，被一个小小的短片一一揭穿，想努力保持朋友遍天下的体面，被抽得遍体鳞伤。

看似一派繁荣的朋友圈，真实的好友只有极少数，或者说很多人的朋友圈里已经没有朋友了。

“朋友圈”圈住的，不仅仅是你的体面。

2017 年，腾讯旗下的企鹅智酷公布了《2017 微信用户 & 生态研究报告》，该报告显示：八成用户使用微信有工作相关行为，其中一线城市用户是微信办公的主力，较四五线城市高出 10 个百分点以上。

当微信作为全民通信工具的时候，它就不再是一个简单的通信工具，而是一种沟通的媒介和渠道。

越来越多人使用微信聊天，越来越多人喜欢通过微信结交好友，也有越来越多的人使用“摇一摇”和“附近的人”功能组建圈子……

也许你可以在微信上有上千个好友，朋友圈评论破百，甚至点赞上千。然而，一派繁荣的“朋友圈”背后，却是无用的社交和虚伪的朋友。

于是，很多人花了很多时间沉浸在朋友圈里，无用的社交占满了闲暇时间。

每天面对那些所谓的热心网友，说着天南海北的八卦，吹着漫无边际的牛皮。

可是那些如泡沫般的社交关系，经不起时间的考验，那些隐藏在朋友圈的好兄弟，却在你真正危难的时候不见踪影。

你努力合群，却还是追不上他们的步伐，你很久建立起来的习惯，在一瞬间分崩离析。

你所以为的朋友圈，毁掉你的其实不仅仅是体面。

社交需要体面，别让朋友圈毁掉你。

在一个综艺节目上，钱枫突然谈起自己被汪涵删了好友，汪涵接茬儿说，他也删了一些明星。

在被追问缘由时，汪涵表示，当微信联系人数达到100多时，他就会觉得有些可怕，要把一些没有意义的，全都删掉。

删掉之后，不用再被微信消息和朋友圈里的点赞消息困扰，“这样的生活，相当轻松。”

对于朋友圈来说，又何尝不是这样呢？

很多时候，我们过分关注别人对自己的看法，甚至关注别人的一言一行，我们把朋友圈设置成“三天可见”“一个月可见”或“半年可见”，其实都是在隐藏自己。

社交网络能满足我们太多的虚荣心，可是当走出网络的世界之后，却总是感到一阵阵的空虚，我们的喜怒哀乐也绝不仅仅和几个赞相关。

想起刘同在《谁的青春不迷茫》里说过：“这个世界虽然大，但并没必要每天交往那么多朋友。并不是朋友越多你就学习得越多，还有一个危险，那就是应付变得越来越多，解释变得越来越多，时间浪费得越来越多。当我们觉得汤的味道太浓了，就会兑更多水。如果生命是汤，朋友就是水，水越来越多，个人也会越来越寡味。”

越来越发现，成年人的体面，从来都不在朋友圈里。

你在朋友圈展示的自我，无论多美好，无论多励志，在多数人眼里，都是过眼云烟，或是茶余饭后的谈资。

你精心包装出的美好生活，也极易破碎，你发了删、删了发的朋友圈，满足的永远是自己，满足过后便是空虚。

无论朋友圈设置成怎样的可见状态，我们要做的从来不是选择朋友圈的展示时间，而是选择自己面对它的态度。

其实成年人才做选择，小孩子是全都要

前段时间，有句话很流行：小孩子才做选择，成年人当然是全都要。

但实际情况是，这句话完全说反了。

小孩子需要做选择吗？往往年纪越大，需要做的抉择才会越来越多。

在大概 6 岁的时候，你那时候什么都不懂，来到一个玩具柜台前，10 层柜台你想要哪个就选哪个，不会考虑价格，不会考虑父母是否承受得起。

而到了 10 岁，你依旧喜欢着玩具，但是来到柜台前，你就只会选择下面 5 层的玩具了，因为你知道，钱不是大风刮来的，父母的辛苦你都看在眼里。

到了 13 岁，你可能还幼稚地喜欢玩具，但是路过玩具柜台你却只会摇摇头，极力掩饰自己眼中的渴望。

很多欲望都是如此，你的选择会和玩具货架一样，越来越少。

小时候我们什么都不懂，什么都做不了，但是我们想要的东西总是能够得到。

长大了我们开始懂事，能力也越来越大，但是我们总是会渐渐地学会放弃，学会取舍。

哪里有什么所谓的“选择困难症”，你不过是在成长的过程中，会去掉一个又一个的“最佳答案”而已。

读书时期大都喜爱玩游戏，但是年岁渐长，学业逐渐繁重，为了学业只好忍痛放弃心爱的游戏。

又有哪个工作党，没有自己的爱好？

程序员也有颗热爱听歌跳舞的心，可是总有着编不完的程序、加不完的班，哪有时间听歌起舞？

你原本也是个单纯不谙世事之人，但是你总会有不得已求人之时，所以你也学会了在领导面前卑躬屈膝，你也学会了察言观色，你也学会了不管领导说什么只管点头如鸡啄碎米。

你不是也渐渐身不由己，变成你最讨厌的那个人？

小时候的“自由发挥”，长大一点变成“多选”，再到成年之后的“单选题”，甚至没得选。

这是成长过程中少不了的“阵痛”。

别装得无懈可击，
却活得软弱无力

在很小的时候，我就会抢着坐在酒席上最好的位置，无论什么好菜上了，我都是那个第一个动筷的人。

什么好吃的通通夹到碗里，周围的人看了，也只会笑笑：这孩子真可爱。

可是当我再大一点儿，我就变得拘束许多，会要长辈帮忙夹自己吃不到的菜。

再到后来呀……就变成了只吃眼前的菜。

因为小时候的“无畏”还是无畏，长大了还无畏，就会被人当作无知了吧。

你总以为长大了，就能够无所不能，结果真的到后面才知道，真的是无所“不能”，你要顾及这个顾及那个，你再也不是那个可以肆无忌惮的小哪吒。

不得不说，我们学的东西是越来越多，脑子是越来越满，但是内心里面属于自己的东西，却越来越少。

脑子越满，内心越空。步子越大，范围越小。知识越多，选择越少。

上天是公平的，在给予你一些东西的时候，也不可避免地会从你身上夺走一些东西。小时候的你很简单，别人递来一根棒棒糖，就能赢得你的好感。

“你喜欢我吗？”

“我一天三块零花钱给了你两块五。”

他给的不多，但是却是他的大半，这就够了。

成年了，他的工资也会给你大半，但是给不了你想要的品质生活，这时候的大半还够吗？待到成年，还能这么简单吗？

爱情还是面包？自行车还是宝马？你爱的还是爱你的？

幽默风趣的，还是温柔浪漫的，还是家里有两套房的？

你总不可能一边要你的男人会赚钱，一边还要他幽默浪漫有空陪你吧？

什么？你全都要？拜托你醒一醒。

由幼年到成年，由简单到复杂，由全都要，到我没得选。

小时候，我们的双手总是满的，握满了自己想要的东西，背上却是空空如也毫无负担。

逐渐年长，喜爱的东西会一件件地从手中流走，直到双手空空，却要开始背负一切，负重前行。

小时候哪需要什么选择，只要你哭得足够凶，想要的东西基本都能得到，毕竟你只是个孩子。

长大了哪有什么选择？

别装得无懈可击，
却活得软弱无力

小时候我们的前方是“罗马”，条条大路通罗马；成年后我们的前方是“西天”，不管你想不想早晚都得去。

所谓成长，就是一个不断接受失去的过程。

逼人做什么不好，非要逼他快乐

偶尔会听到有人在沉默中叹了口气，问我：“你今天有什么不开心的事吗？”

我会立刻抬头，堆起满脸笑：“没有啊，刚刚在想事情。”

对方长出一口气，时间长得可以用来背一首七言绝句。这个时候我就会感受到压力，因为我要表演开心给他看他才会满意。

有时候因为一些事情不顺利，难免会有点儿垂头丧气。就会有人跳出来：“多大点事啊，至于吗你？”“就是玻璃心，以后这种事儿多了去了。”

姑且认为您是关心我，想提醒我前方荆棘丛生，可为什么非要贴个标签，说我“玻璃心”，这究竟能给您带来多大的优越感？

而且我不懂，凭什么我就不能因为没有达到目标而沮丧，适度的焦虑有助于我反思，采取行动去做得更好。我的情绪很合理。

别装得无懈可击，
却活得软弱无力

为什么要剥夺我不开心的权利？

即使我没有不开心，就一定要表现得很开心吗？要活泼开朗、落落大方，要随时随地吐槽说段子，来让所有人开怀大笑。

我难道就不能没有情绪地，安安静静地待一会儿吗？

有些人对别人要求真的很高，恨不得把他逼成超人，要完美完成任务，状态必须是斗志昂扬；要笑对挫折，牙必须露出 8 颗；不能妥协，不能软弱，姿态必须好看。

时时刻刻会有声音跳出来，提醒你："疯了吧，还在睡觉，你的同龄人已经年薪百万了知道吗？""居然吃泡面，比你身材好的人还在健身呢！""这么点小事就焦虑，能成什么大事！"

就像是坚定的"必须快乐主义者"，要求他人无论发生什么事情，都必须笑得铃儿响叮当，决不能露出一丝疲态，如果表现得沮丧，那简直该死，该在佛前忏悔上几千年以求得原谅。

太宰治在写完他半自传性小说《人间失格》的同年，完成了他的第 5 次自杀，成功了。

这本书的主人公叫叶藏。他在少年时最擅长的事，便是假装快乐，用滑稽怪诞的表演来取悦所有他遇到的人，想要与世界和谐相处。

然而，事实上他并不知道如何与自己相处，也无法处理内心里从四面八方游蹿而来的激烈冲突。

无法自救，也得不到他人帮助，最终放纵沉沦直至绝望。

从来没有人告诉他不用这样，不用看透虚伪又用虚伪做武器保护自己，可以有真实的情绪。

他什么都不敢，即使快要走火入魔，也从来没有赋予自己接纳真实感受的权利。

但是感受这东西，你越拒绝，缠你越紧。

我们本来就有权不进行这种表演，因为你看到了，这个世界就是不够好，并不会因为你取悦它而跟你和解。

即使你用力表演快乐，也不会真的快乐起来，反而因为这种期待而更有压力。

所以，别逼我必须快乐。

说回不开心。就好像笑的阈值不一样，丧的阈值也不一样，有的人就是会因为很小的事情不开心，这件事对他来讲可能有不一样的意义，这很难理解吗？

凭什么大老爷们儿不能哭？凭什么他已经不开心了，只是想静静却还要被指指点点？没有人可以阉割我们的情绪。我们完全有理由不开心，只要你认为合理。我们可以像照顾小孩子一样照顾我们的情绪，接纳它，抚慰它，安定下来再重新出发。

千万别中了圈套，别因为别人的话，就觉得自己过于脆弱，你只是更完整罢了，而一个完整的人，一定比残缺的人拥有更强大的力量。

高兴就大笑，不高兴就丧一会儿，攒够能量照样可以屠龙。

就让风言风语随风飘逝，让鬼话见鬼，让“必须快乐主义者”自己必须快乐去吧。

狄普斯特说过：“上帝创造了你也创造了我，看在上帝的份儿上，让我是我。”我们都不是上帝，所以没有支配别人情绪的权利，幸运的是，我们还能做自己。

最后想给“必须快乐主义者”一句忠告：放弃用关心做外衣去要求别人吧，也别把自己逼得太紧，弦断了不好接。

要你拼命地工作，而不是要你命地工作

半夜 11 点，一铁哥们儿约我撸串散心，因为他又一份工作结束了。这是他一年内的第 5 份工作，无奈又无奈，但还是只能辞职了。

这次不是因为工资不到位，而是因为太过于劳累，他觉察到了身体的异样。

他苦笑着和我说，好像只有离职，才能活得像个人样。

作为好兄弟，我肯定劝诫他别再换了，下次慎重点，找个稳点的好好干，但每份工作他确实都认真筛选过了，可最后还是不幸掉进了招聘陷阱。

说好的薪资，都“缺斤少两”，说好的工作时间，倒确实加倍，再加倍。

这 5 家——上市公司、外企、创业公司、大公司，都包括了，还能去哪儿？迷茫。

只要是薪资稍微多一点儿的，就没有“下班”这两个字，他的上一份工作，就是半夜1点钟开个会，早上7点再开个早会，好似犯人提审。

总结四个字：毫无人性。

他和我说，看网上都在吐槽996工作时间长，简直太逗了，“什么996，老子是007！”

累得要命的同时，销售这个行业，让哥们儿身体越发地圆润，比起大学读书那会儿，他已经足足胖了30斤了。

越累越胖，也成了这个行业的常态。

我提醒他，得注意身体，他说他也想啊，但除了销售，他还能做啥？不累怎么办，本来想着累又能怎样，年轻不怕累赚钱就行呗。

如果不在几年内混出人样，我们究竟还得怎么过啊？

但现在更气人的是，太拼也不行，我们终究还是个人啊！

就像现在，他的身体出现了异常情况，长期酒局陪客户和抽烟，让他浑身没有几样好器官。

血糖、血脂、血压都过了糖尿病和高血压的警戒线。而且，他还没到30岁。

我安慰兄弟，离职是对的，就像现在我给你健康和钱，你选择哪个？他直接打断我，在一秒钟内完成了一个无奈的笑。

“一样也没有。”

2016 年的 12 月份，我参加了我这辈子都难忘的一场葬礼，因为去世的是我的第一个同龄人，我的高中同学，尚且不到 30 岁。

毕业之后，我们就没有过任何联系，却不承想，再次相见是以这种方式。

记忆中，他篮球无敌，跑步全班第一，怎么也想不通他怎么成了最短命的人。

听和他一直保持联系的同学说，毕业之后他自己回家做起了厂子，有时候一天的流水就能过万。

他工作能力特别强，自己可以身兼数职，做厂长、销售、厨师、司机。

据说前一个月因为太累了，还在喝着咖啡顶着红牛，用毅力继续工作，最后，得了最严重的白血病并发症：颅内出血。据说在几个小时的呼吸艰难之后，奔向了天堂。

他确实赚到了钱，但是，也真拼掉了命。

以前只是听说过，白发人送黑发人，是最痛苦的事。现在这种事就出现在我的眼前，守灵的那几天，他的父母好像都忘记了吃饭和睡觉这两件事。

到了出殡的当天，他的父母在棺材前待到天亮，快要起灵时，他们开始不停说着舍不得儿子和后悔的话。随着时间的推移，他们的哭声越来越大。

别装得无懈可击，
却活得软弱无力

终于时间到了，众人开始把他们向屋里推，挡住去火葬场的路。

他们用尽全力向外冲，尽管身体看上去很瘦弱，却让我们十几个壮汉都几乎抵挡不住。他的亲姐姐，去送了弟弟最后一程，在最后的告别时，直接哭到抽搐。

我不知道他留下了多少钱，但我知道，我那个没健康没钱的哥们儿的家庭，现在比他幸福。

再回味一则上个月的新闻。

端午小长假，阿里的一位大佬——蚂蚁金服毛军华进入了大众的视野。

5 月 1 日消息，蚂蚁金服总裁助理、原中金明星分析师毛军华，因病在香港去世，终年 41 岁。

媒体的标签重点，是以下几个词语："清华高才生""总裁助理""拼命三郎"。

我想他应该已经到了生活和工作一体的境界，再加上超强的热爱、责任心和能力，所以人家是阿里的总裁助理。

这个名字，代表着令人羡慕的身价和股权，也是"别人家"的榜样。但在这一瞬间，所有的羡慕和嫉妒都会转向，只剩下惋惜和哀悼。

一切都在生命的节点转向。

当今年代压力确实太大，压力让很多人放弃了理智，选择了拼命。

大家怀揣着斗志，若许以美好的未来，就会像一个战士一样，几乎可以不吃不喝不睡。

年轻，本该没有吃不了的苦，然后就会像我的撸串兄弟一样，逐渐觉察到身体的异样。

撸串兄弟是幸运的，他不经意间去做的体检的指标提醒了自己，可现实是多少朋友，甚至不想也不敢去做一次体检？

因为结果出来了又能如何？

还不是一样得熬夜，业务党还得奔赴下一趟酒局，而坐班党的颈椎还是在隐隐作痛。

当然，我不是让大家都放弃职位，只是想给大家敲响警钟。

再次用身边的事情提醒大家，赚钱的同时，可以拼，但不要拼命，就算赚到钱，结果也很可能是人财两空。

就算年轻，身体也经不起太大折腾，无论生活多难，先放自己一条生路。

因为生命是一场最严酷的淘汰赛。

只有留下的，才是胜者。

其实你们的感情没那么好

随着大学毕业答辩和高考的结束，新一波的毕业煽情季也就开始了。

聚会，喝酒，一起缅怀几年来的生活琐事……

你们的关系真的那么好吗？

其实大家只是互相借用罢了，作为告别青春的一个个道具，相互配合，集齐群像合影上的一颗颗印章。

大家的醉饮，无不满足于自己的宣泄，大家的不舍，全都哭祭给已逝的时光。

你们的感情有多么坚不可摧？很多是自己感动自己，或者是陷入到了某种仪式感中。有人说，是因为意识到有些人一辈子不会再见了，就很伤感。

我们时时刻刻都在跟无数人进行着所谓的“最后一面”。

你住了10年的楼下卖汤粉的大妈，见证了多少个你骑着自行车奔往学校的清晨啊，搬了家估计也一辈子不会再见嘛。尤其像我这种搬了4次家的，我都不记得和多少人永远不会再见了。那些一辈子不会再见的，说明你们的感情也就到这份儿上了。

大学毕业10多年了，散伙饭也去了。当时背着双肩包，平静地和同学吃饭、喝酒，看着有些女孩先哭，然后看着有些男生到最后也偷偷抹眼泪，酒瓶子到处都是。

说实话我没太多感触，一直很平静地吃完这顿饭，和同学们挥手告别，仅此而已。

同学情谊深不深，几年后参加个同学会才会知道答案。

如今发达的交通，让大洲大洋已经构不成距离了，美国到中国也只要13个小时，20年前也就是北京到武汉的时间。

构成距离的是人心。

我最好的同学在非洲，每年只回国1个月，但年年都见；关系普通的同学有的甚至工作地点就几十分钟的距离，却几年也不会见到，只剩下微信里点赞的交集。

同学大部分只是同学，并不会成为朋友。你和这群人因为特定的条件和环境，不得不在一起生活了几年——但是你没义务和这些人做朋友。

年轻人，总是把各种感情都想象得太浪漫了，其实真实的感情并没有那么美好。等你走进社会，你才会明白，什么叫作真正的朋友。

并不是陪着你在宿舍里聊化妆品吐槽男生就叫朋友。并不是和你一起熬夜包机打游戏就叫朋友。

毕业的时候，你心中那些惆怅不舍的感情，大部分来源于对自己过去这几年人生的告别和不舍，只是很小一部分才是对同学。

那些平时明明不怎么说话的同学，一起去拍各种毕业照，疯狂地转来转去，好像感情很好的样子，真的觉得没啥意思。

你无限煽情的时候，心中其实缅怀的是自己这几年的青春罢了。

人生不像做菜，把所有材料准备好才下锅

最近两年兴起来一股热潮，网络上流行《点赞转发你将在 24 小时内收到一个好消息》《转发此条锦鲤，1 周内就有一笔钱到手》之类的推文。

究其原因，是因为很多人把希望，寄托在虚无的等待上而止步不前。

可幸运之神想拉你一把，都不知道你的手放在什么地方。

人生的每一份幸运都离不开自己的实际行动。所谓自助者天助。

记得刚参加工作的时候，我也总以为所有的工作，会等我准备好了再开展。

有一次，领导突然通知我跟他去外地参加一个重要会议。

别装得无懈可击，
却活得软弱无力

大概是时间太赶的缘故，我手忙脚乱地整理完资料就出发了，到了会场后发现还漏了些在办公室，但已经没有时间回去取了。

那次的会议经历极为糟糕，不但被领导责备了，而且在别人正式着装的衬托下，邋遢的我感到了无比自卑。

有了这次惨痛的教训以后，不管多晚入睡，我都会早早地起床，吃好早餐，穿着得体了再去上班；工作需要的文件，也会提前准备好，而不是等需要了才手忙脚乱地准备。

工作从来不会按照你设想的样子，等你准备充分了，等你理解透彻了，才会启动。

工作是一场突击战，战场上没有突如其来的幸运，也不会有锦鲤来帮你，即使半桶水也得上，唯有边做边学，边错边反省，没有人会等你充分悟透了再开展工作。

不要担心座位不合适，先上车再说，座位慢慢调整，总会达到你要的舒适度。

不只是工作，很多时候我们明明爱一个人，却不敢付诸行动，总想再等等，看看幸运之神能否眷顾自己，让那个意中人主动向自己走来，结果意中人越走越远。

《守望灯塔》里有一句话，当你爱一个人的时候你就应该说出来。生命只是时间中的一个停顿，一切的意义都只在它发生的那一时刻。

不要等，不要在以后讲这个故事。感情也好，爱人也罢，你不主动，就无法拥有。

如果你止步不前总想驻足原地观望，那你最后什么也得不到。

就如电影《一代宗师》的台词所说：“我昨天遇见一个人，感觉他非常有意思，但后来再也碰不上了，人生就是这样。”

不要等着被喜爱、被给予，要主动去要求，主动去争取。

这是一个没有二次机会的时代，别人不会像你那样流连忘返，因为太多的事情太多的人，就如你忙的时候也不会等待。

有时候我们会发现，很多东西都是有保质期的。

万事万物都在变化中，这就是为何当下如此重要。任何机遇都需要立即去争取，等待的结果是“过了这个村就没这个店”。

机遇如是，感情亦如是。

很多人都容易将自己寄托于外事外物上，以为拜拜佛求求神、转转锦鲤就能获取好运，获取成功。

但是你别忘了，你才是自己的主人，你要有主人心态。

什么叫主人心态？对自己负责。

你就是你人生的“一家之主”，你要学会经营自己的人生。

如果现在是低迷期也不要紧，转发完锦鲤后便开始积攒力量，努力奋进，在下一股风吹起来的时候你需要精准地站在风口，而不是因为暂时性的失意而选择什么事也不做。

真正被好运眷顾的人，都是起了念并且觉得有路可走就要立即去做，而不是还在那里感慨几句人生，转发几条锦鲤。

俗话说，行动很重要。因为只有行动了，才会有选择的可能。

而不行动，就没有选择，也没有可能。

过于瞻前顾后不敢行动，只能是捡芝麻丢西瓜，还可能等着等着连芝麻也没有了。

当发现有机遇在跟你招手时，一定要重视，告诉自己现在立即行动起来。这就是活在当下的含义。

茨威格说过："命运鄙视地把畏首畏尾的人拒之门外。命运——这世上的另一位神，只愿意用热烈的双臂把勇敢者高高举起，送上英雄们的天堂。"

请记住这段金玉良言，趁着年轻，要鼓足勇气迎接命运的挑战。不要总是等，再等就老了，到那时候才发现自己从未年轻过。

若你总是在等待，畏首畏尾，止步不前，命运为什么要独独眷顾你，锦鲤为什么要向你游来？

请记住，机不可失，时不再来。

生活的暴击
值得感激吗?

《奇葩说》曾经有一期的辩题是：生活的暴击值得感激吗？

双方辩手都说了很多自己的亲身经历，有人遭遇过劫匪，有人遭遇过车祸，有人失去过工作，有人失去过梦想。

无一例外地，每个人都曾被生活暴击过。

可暴击明明是伤害啊，感激从何而来？我们从小到大，接受的那些感激挫折的教育，又从何而来？

蔡康永是这么说的：“生活是值得被感激的，可是没有任何一种生活是没有暴击的。”

他举了一个例子，自然界老鹰捕食兔子为食，兔子被抓住吃掉，是兔子的暴击，兔子没被抓到，老鹰饿肚子，或者无法喂养小鹰，则是老鹰的暴击。

由此看来，暴击是必然的，从本质上讲，生活可能从来就没有打算过温柔善待活着的任何物种。

那么人类所祈祷的，愿被命运温柔相待，实在是一种奢望。

我们之所以说感谢，是因为许多暴击和挫折无从避免，只好通过感激为它们赋予一点意义，以此来宽慰自己。

但其实我们真正感激的，不是生活的暴击，而是遭遇暴击时，没有被打倒、咬牙挺过去的我们自己。

最近最火的电视剧，无疑是《延禧攻略》和《如懿传》了，它们是同一时期的清宫剧，却有着不同的走红理由。

我看到一篇文章是这样评价这两部剧的：

《延禧攻略》是说，世事艰难，你也只能用剧来爽一爽了。而《如懿传》是说，世事艰难，有些事情只有在剧里才能拆穿。

女主不善良，男主不坚贞，爱情不唯美，我们追剧的口味什么时候变成这样了呢？

回想这 20 年来流行过的清宫剧，从《还珠格格》到《步步惊心》，再到《甄嬛传》，电视剧里人物的性格，不断趋于复杂化。

《还珠格格》出现时，世人尚不知“宫斗”为何物，片中主角都是自由又浪漫的。好像一个人只需要真实地做自己，就自然会被懂得欣赏的人去爱、去照顾、去成全，就连闯祸都可以是可爱的。

《步步惊心》是清宫穿越剧，女主角作为穿越到过去的现代人，并没有一路开挂似的走上人生巅峰，而是竟然也不可避免地走向了一个悲剧的结局。

好像在大环境下，人总归是无力的，许多宿命般的桎梏，即使你既清醒又有智慧，也无法逃脱。

《甄嬛传》里，人心之复杂多变、命运之云谲波诡，实在是莫测。到最后，甄嬛仿佛是赢了，又仿佛是输了。从初入宫时的天真和单纯，到成为太后时的心狠与工于心计，一点一滴，不论对错和好坏，都是生活对她施加的、无法抗拒的改变。

追剧的我们也改变了，随着年纪的不断增大，对生活的理解不断深入，心态变了，喜好自然也变了。

太过美好的，不真实，而真实，总有缺憾。生活没那么简单，所以做人，也要不那么简单才有意思。

在我心中排名第一的小说，一直都是余华的《活着》。

在《活着》这本书里，我们看到最多的，却是死亡。

福贵这一生，不可谓不悲惨。先是败了家，然后依次送走了他的父亲、母亲、儿子、女儿、妻子、女婿，还有外孙，最后只剩一头老牛和他孤独地相依为命。

别装得无懈可击，
却活得软弱无力

苦难仿佛是福贵生命的主旋律，即使有过些许温情，却也像是在为苦难酝酿。

福贵年少的儿子，热心地去给女校长献血，结果却被医院抽血过多而亡。福贵年幼的孙子，因为穷困，好不容易有了一大盆豆子，结果竟吃得把自己撑死了。

生命中这样近乎荒诞的悲哀，除了默默承受，别无他法。

余华写道：“作为一个词语，‘活着’在我们中国的语言里充满了力量，它的力量不是来自于喊叫，也不是来自于进攻，而是忍受，去忍受生命赋予我们的责任，去忍受现实给予我们的幸福和苦难、无聊和平庸。”

这本小说不谈梦想，不聊意义，只是通过生和死这两件事，告诉读者：“人是为活着本身而活着，而不是为了活着之外的任何事物而活着。”

我们公司有两个同是生于 1990 年的女生。

一个过着肆意的单身生活，聚聚小会，喝喝小酒，旅旅小游，日子看着轻松精彩，却也时时承受着各方面施加给单身的压力。

一个已经有了一个 3 岁的孩子，每天都有操不完的心，下班就要回家带孩子，自己的休闲娱乐几乎没有，虽然很累，却也甘之如饴。

我说不上来她俩谁的生活更幸福，毕竟都有好有坏，只是方式不同而已。

这个世界上原本就没有绝对幸福的生活，不是在这里辛苦，就是在那里辛苦，不是主动吃苦，就是被动吃苦，其实挺悲哀的。

可是这份悲哀让人清醒，而且你一旦接受了它，它还能变成在你承受生活的伤害时，保护你的铠甲。

这些年，大家越来越喜欢把“生活艰辛”挂在嘴边了，每次我们发出这种感慨的时候都是真心的，却常常用一种近乎玩笑的口吻，好像只要我们还能笑得出来，就能扛得过去。

黄磊孙莉、邓超孙俪那样幸福的家庭，自然是每个人都羡慕的，可是像蔡依林这样虽然没有结婚生子，却也活得漂亮的女生，又何尝会让你觉得可怜呢？

她们有着很精彩的人生，有着很棒的兴趣爱好，有事业有朋友，又少女又御姐，活成了许多女孩羡慕的样子。

命运就是这样，总是违背你的期望，但你也该认输。

当你觉得生活布满荆棘、充满迷茫，我仍希望，你能好好爱自己，不缺少对生活的热爱和勇气。

世界上没有
真正的感同身受

鲁迅在《而已集·小杂感》中写道："楼下一个男人病的要死，那间壁的一家唱着留声机；对面是弄孩子。楼上有两人狂笑；还有打牌声。河中的船上有女人哭着她死去的母亲。人类的悲欢并不相通，我只觉得他们吵闹。"

原来早在多年前，鲁迅就表达过这样一个道理：这世上，从没有真正的感同身受。

1

曾经，我们以为难受是可以传达的，于是张牙舞爪地表达，试图得到理解，可后来才明白，感同身受，是一件奢侈的事。

看到过一个热门话题：你为什么越来越少发朋友圈了？

最高赞的回答是：认识到自己身上发生的事情 99% 都与别人无关。

厌倦到不需要用旁人的认同，填补内心的空虚迷惘。

当自己正经历痛苦挫折时，你期盼能有个人了解自己的疼痛。其实也不是需要多大的理解，只是想要一点鼓励，可当话从心里到嘴边经过层层过滤后，莫大的苦难都变成了无病呻吟，你所祈求的安慰，最后变成了客套，甚至是嘲讽。

“你那算什么，我比你惨多了。”

“没什么大不了，挺挺也就过去了。”

你的快乐，也许会戳着别人的痛处；你的哭泣，可能会淹没在别人的欢笑声中；你的难受，没人可以代替你承受。

不能说人情冷漠，只是人类与生俱来的天性罢了，我们只能冷暖自知。

针扎在你身上，别人是感受不到疼痛的，与其向不懂的人诉苦，不如悲喜自渡，这也是季羡林先生在《悲喜自渡》里想要表达的。

2

“这段童年，我再也不想要再来一次了。”这句话是《何以为家》里面的赞恩说的。

当赞恩看到因大出血而去世的妹妹，那个他想用力保护，却无力留住她生命的人时，他拿着一把刀刺向了买下妹妹的房东。

最终他被判以五年有期徒刑，而目击证人，是他的父母。

当我还在同情赞恩不幸的童年，庆幸还好这只是电影时，最后它却

别装得无懈可击，
却活得软弱无力

告诉我，以上情节根据真实事件改编。

看电影，最怕的就是这几个字了吧。

这段经历，是我们生活在美好的时代背景下，所不能感同身受的。

即使这段经历通过电影的形式，以某一视角向我们描述他的经历，却不能让每一个观众拥有和赞恩内心一样的痛苦与磨难。

男孩在那样一个恶臭，却又无可奈何的现实环境下，仍然想要努力生活下去。我们会为了他的坚强感动流泪，却无法真正体会那种痛苦和心酸。

这些经历，我们真的无法感同身受。

3

有些话只能对自己说，有些事只能自己去做，有些苦只能自己去受，有些路啊，只能自己去走。

一生中来来往往多少人，又有谁会在原地兜兜转转等谁，我们都只是彼此生命中的过客。

年幼时，父母陪伴我们度过一个快乐的童年；青年时，我们在学校与老师、同学欢度青春时光；成年时，凭借在职场的小心翼翼，或许交到了几个朋友；垂暮时，选择一位伴侣携手到老。

你看，每个阶段都有它该出现的人，他们或许是我们生命中的一束束烛光，但终究会有烛尽烟灭的那天。

没有谁能永远成为我们倾诉的对象、愈合伤疤的药膏。从一而终陪着我们的只有自己，亲人不可以，爱人也不可以。

在自己人生的这趟列车上，上上下下太多人，只有我们自己才是全程观光者。于是我们注定悲喜自渡，揣着生活带给自己的五味杂陈在人生之路上徐徐前行。

4

当你无法做到感同身受，也请你在别人难过时，不要站在制高点对别人进行嘲讽和批判，如果连真诚的安慰也做不到，那么你可以安静地走开。

而我们自己在遇到难处的时候，也不必总祈求别人的关怀和理解，能独自消化痛苦，才是成长最好的证明。

王源曾经在《我是唱作人》舞台上问观众："大家看舞台上亮吗？"

"亮！"

"但其实我看你们很黑。"

你以为我光芒万丈，其实我的眼前一片黑暗。哪怕是最支持你的人，也只是站在自己的角度支持而已。

这世界不存在真正的感同身受，我们也只能在黑暗中，寻找属于自己的那一束光。

没钱
就别浪迹天涯了

“年轻人不会过日子。”这是老一辈人常说的话。

许多年轻人一听到这句话，往往对其嗤之以鼻。然而事实上不能够否认的是，他们说的真挺对的。

看到喜欢的化妆品，买；看到手机又出新型号了，买；看到漂亮又喜欢的衣服，没有钱了，可还是想买。

怎么办？借一点儿吧，没事的，下个月还上就好了。

借钱，成为了当代年轻人司空见惯的生活方式。

向谁借？向银行借，银行借完向支付宝借，再不行向京东打个白条。

每个月的月初，前一秒兴高采烈拿到工资，后一秒收到各种各样的账单。还过一轮之后，忽然发觉这个月工资又白领了。

那怎么办？只能再借。花呗额度一天天变高，银行存款增长率几乎为零，每个月在借与还之间徘徊，从此陷入借钱的死循环里。

比起这个，更加可怕的是，还没挣到钱，先学会了花钱。

之前一段时间，400 名大学生借校园贷，买手机不还钱的新闻闹得沸沸扬扬。

网贷、校园贷，层出不穷，屡禁不止，媒体每天都在报道，但仍然每天都有人投身其中。

并不是所有的人，都会一开始就去网贷，有不少人都是像赌徒一样，刚刚开始的时候，一点一点地借，后来花销越来越多，借钱也越来越频繁，借到最后，发现自己还不上，开始向其他平台借，拆东墙补西墙，结果窟窿不但没有补上，反而如同滚雪球一样，越积越多。

最后，小数目变成自己无能为力的天文数字，要么撇下数目走为上策，留下一堆烂摊子给周围的人，要么用自己的身体偿债。

有些人，自以为聪明，能够钻网贷不合法的空子。

而事实上，你能想到的，别人同样能够想到。他们会将超出合法利息的部分，转换成滞纳金、手续费等各种费用，通过不同的名目，从你的身上榨出多余的那部分钱财。

还有些人，抱着侥幸的心理，想着自己只借这一次，很快就能还上，还上以后就不再借了。没想到的是，仅此一次，就让自己焦头烂额。

无数身陷其中的人，在被账单缠身而梦魇环绕时，回想起曾经的自己，发现当初的自己虽然穿着最廉价的地摊货，用着几百块的手机，但每一天都自由自在。

而现在的自己，衣着光鲜，化妆品动辄整个系列地买，但每天都活在该怎么还上下一期款项的担忧里面。

有句话是这样说的：天上不会掉馅饼。还有另一句话，是这样说的：出来混，总是要还的。

1. 挣多少钱，就过怎样的生活

从某种意义上说，这个社会是相对公平的。你有能力，有才智，靠自己赚到的钱越多，那么你可以掌握的自由也就越多。

别老相信网上一些“我这么努力，不能委屈自己”之类的鸡汤，努力不是给自己不合理花销开脱的理由，也不要总是把“开心最重要”奉为无上金句，生活不是单元剧，而是一出连续剧，今天结束了，明天还得过下去。

月入 10 万，那就鲍鱼海鲜；囊中羞涩，那就白饭青菜。自己兜里有多少银子，就去过怎么样的生活。

2. 生活所需要的东西，远远比你想象的更多

房子、车子、医疗、保险、婚姻，零零碎碎，每一样都是一个社会人立足社会、保障自己基本生活条件的刚需，而每一样都是建立在一点一点打下的经济基础之上。事实上，你今天为了一双限量版的鞋子所透支的，不是你的钱财，而是你的未来。

而那双鞋子，无论它多稀有多好看，也不会超出一双鞋子所具有的价值，它不能为你带来食物，更不能为你带来半块房子里的砖头。

想清楚你的生活最需要的究竟是什么，那些你所渴望的东西，是否值得用你未来生活必需的东西来交换。

3. 别抱侥幸心理生活

别人的生活始终是别人的生活，不要抱着侥幸的心理，觉得自己可以也稍微透支自己的生活，提前享受一下。

要知道，世界上没有那么多的空子可钻，有得到，就必会有付出。在欲望的面前，学会克制住自己，记得，世界上幸运儿并不多，而这里面很大可能并没有你的份儿。

总而言之，无论透支多少个明天，都比不上今天踏踏实实地上班挣钱。

为什么
越长大越难快乐？

在往下读之前，先回答一个问题：你上一次发自内心的笑是什么时候？

今早上班路上，突然下起大雨。裤子湿漉漉的我匆忙挤进地铁。整个车厢里，没有一个人说话，看上去所有人都很焦虑，这表情包含的显然不止是大雨导致的上班迟到的麻烦。

相信不少人都看过《夏洛特烦恼》，里面有段情节让人记忆犹新：大春和夏洛一起去游戏厅打《拳皇》，他用练了好久的连招打败了夏洛，发生如下对话：

大春：“Oh, yes! Yes! Yes! Yes!”

夏洛：“……”

大春：“哎，你怎么还玩不起了呢？！”

夏洛：“我真羡慕你，活得跟傻子似的。”

我不知道大春是不是傻子，但我知道夏洛是真羡慕他。因为在夏洛的世界里，其实找不到能让自己如此兴奋的事情。

小时候我们觉得快乐是那么简单纯粹，看到天边的一朵云、路边的一朵花，吃一次麦当劳、去一次游乐园都能让自己觉得无比欢乐，但事实上，真正让我们“发自内心快乐”的其实是那种自己不需要付出什么努力，好事就能送上门的无忧无虑的生活。

长大后，若是有陌生短信告诉你你中了几十万的大奖，或者送你最新的苹果手机，你会高兴吗？

答案显然是不会。

在成长的过程中我们慢慢明白一个事实：生活从来不易，若是某段时间里你觉得幸福来得那么轻松，不过是因为有人正在替你承担代价，而长大，不过就是慢慢从父母手中接过自己人生责任的过程。

读书时，如果考试考了高分我会高兴，但不至于太高兴太意外，因为我知道，之所以能考到那个分数，是因为自己付出了努力，现在不过是得到了应得的回报罢了。

工作后，每月拿着自己挣的工资去买衣服、买鞋子，去吃美食，去到处玩，也许消费的那一刻自己会觉得高兴，但这种高兴不会维持太久，因为你知道到头来花的还是自己辛苦挣的工资。

快乐的阈值无形中被社会提升了。

别装得无懈可击，
却活得软弱无力

你再也不会因为你喜欢的女孩子瞧了你一眼，而神魂颠倒。

你再也不会因为通过了《魂斗罗》的最后一关，而恨不得告诉所有朋友。

你再也不会因为解出一道数学难题，而兴奋地告诉同桌。

并不是越长大越不容易感到快乐，而是长大后我们开始明白，生活中的所有事情背后都有价码，从来没有什么快乐是可以容易得到的。

你说你不快乐，其实是你认清了快乐。

PART 5

接受指点，拒绝指指点点

都是第一次做人，凭啥让着你？

这世界上真心实意的爱不多，所以别作。

如果你是一个经常被爱包围的孩子，请特别注意。世界上并没有无缘无故的爱，甚至连无缘由的善意都是少的，绝大多数情况下你的可用价值决定了你能收到多少尊重和关怀，哪怕是你的父母也不会 100% 无条件爱你的。

所以，对愿意爱你疼你哄你的人千万别作，也许这样的人你一辈子只能碰到那么几个。

谈对象结婚多听父母的忠告，他们给的建议一般没什么错。

真到了婚姻这一步，那就是天长地久的相处相伴，柴米油盐酱醋茶，吃喝拉撒衣食住行，孩子老人亲戚朋友，家长里短往来应酬……找一个真心对你的人，找一个门当户对的人往往真的能让婚姻牢固一些。

女找男找个踏实有责任心的，男找女找个温柔贤惠的，往往是对婚姻乃至后半辈子最好的投资。

别跟我说没结婚你就别瞎说，门当户对这种金玉良言信不信由你。

对别人来说，你其实没那么重要，所以别那么在乎闹笑话。

你出过的丑闹过的尴尬别人其实一转眼就忘了，所以想出手就出手别怕丢人现眼，因为机不可失，时不再来。

闹个笑话也别留下心理阴影，其实大家哈哈之后就忘了，没人太把你当回事。明白这个道理后，你的脸皮就能堪比城墙拐角了，无论是谈恋爱还是找工作，你会发现所有的临场发挥总是超过预期。

自己的三观信仰和一些人不同，不用纠结，愚昧就是属于大多数的。

当然，并不是建议你去做一个与社会格格不入的人，而是别放任自己慢慢成为一个没有自我的人。

这个世界上没有什么公平可言，所以早点接受自己的位置才是正解。

每个人来到世上之后所拥有的资本各不一样，智力容貌财力包括能够得到的爱，都是不同的。不要怨天尤人，也别气不过，更别光眼红别人而自暴自弃。

如果你不金子，就不要整天做梦自己发金光。越早认清自己的身份，就能越早能走属于你的路。

毕竟大家都是第一次做人，你不想让着别人，也别妄想别人会让着你。

刀子嘴的人，真的有豆腐心吗？

生活中总有些人，为人太刻薄，说话太尖酸，不顾及别人的感受，不考虑别人的心理，口无遮拦，令人生厌，搬弄是非，让人反感。

前一阵子公司来了个新人，还没过试用期就把公司里的人得罪光了，待不下去自己辞职了。

有些同事帮他圆场，说这位职场萌新，是刀子嘴豆腐心，就是嘴不饶人，心肠还是好的。

平时同事之间交谈，他总喜欢调侃别人，有时候当众指出别人的缺点，喜欢哪壶不开提哪壶，自己又跟没事人一样，好像别人知道他是无心为之似的。

要我说，刀子嘴就是刀子嘴，哪里来的刀子嘴豆腐心？一个有豆腐心肠的人，又怎么会生出一张说话尖酸刻薄的嘴巴，处处去伤人，却还标榜自己有副好心肠？

一个心地真正善良的人，又怎么会到处用言语伤人呢？

玫瑰花虽有刺，那也是用来保护自己的，而不是去伤害别人。那些惯于用嘴巴去伤害别人的人，只是自己图嘴巴爽快，却没看到给别人留下的伤口。

宗萨仁波切曾说：“大多数标榜自己说话直的人，只是不愿花心思，考虑对方的感受而已。”

一个人的言谈举止都是其内心的反映，有什么样的心境，就会说出什么样的话语。

用自己的刀子嘴去伤害别人，你用再柔软的豆腐心，也抹不去别人的伤痕。

有这么一则故事，小男孩总爱发脾气，他爸爸给了他一些钉子，每发一次脾气，就钉一个钉子在篱笆上。

渐渐地，小男孩学会控制自己的脾气了，爸爸让他把钉子拔下来。钉子虽然拔了下来，但篱笆上的洞是永远不能抹去了，小男孩才明白自己之前对别人的伤害。

一个说话尖酸刻薄处处伤人的人，即使有豆腐心，那也是块被冰冻的豆腐，你以为是软的，其实是又冷又硬。

生活中总有一些人，被标榜着“刀子嘴豆腐心”，就好像这个人嘴巴再毒，只要心是好的，就可以消除对别人的伤害。

伤害就是伤害，它永远在那里。没有人有义务，透过你恶毒的嘴巴，去了解你的豆腐心！

蔡永康曾在《奇葩说》中说过这样一句话：“你说什么样的话，你就是什么样的人。”常说相由心生，语言又何尝不是这样呢？

曾有一个学生，被老师指着鼻子骂是猪脑子，从此以后这个学生变得自卑敏感，感觉处处不如人，成绩一度下滑。然而老师却说自己是为学生好，不骂他不知道上进。

这样看来老师出口伤人，完全是事出有因，自己是出于好意，错的是学生理解不了老师的苦心，可仔细想想，结果却是让一个受到伤害的人，去理解伤害他的人。

不怕你有一张刀子嘴，就怕你假装藏着一颗豆腐心。

如果一个人的好心，就能消除自己对别人的伤害，那这世界哪还有那么多心灵受伤的人。

俗话说：良言一句三冬暖，恶语伤人六月寒。

有人说自己说话不好听，但心里还是好的，也就是说自己人不坏。可一个说话从不考虑别人感受的人，心又能有多柔软？

我们身边都不乏一些人，打着为你好的名义，却对你说着恶毒的语言，可没有人喜欢听恶毒的话，而说恶毒话的人却认为自己是好意。

就像生活中有人说你胖，说你胖是想让你减肥，但却从不督促你或给你介绍减肥的方法；有人说你装扮丑，却从不告诉你该如何打扮自己。

用语言去伤人是愚蠢的，因为它会刻在别人心里，身体上的伤痛会慢慢复原，时间长了就淡忘了，而语言上的伤害，总是让人难以忘怀。

你有刀子嘴，就不要说自己还有颗豆腐心，没人喜欢刀子嘴，更没人想透过刀子嘴，去了解你的豆腐心。

有些人标榜着为你好，而用语言去伤害一个人，被伤害的人要么自暴自弃，要么奋发努力，无论是哪种情况都有一个共同点，那就是心里都有个看不见的伤口。

不要以为为别人好，就可以处处伤人，刀子嘴就是刀子心，当你出口伤人的时候，你就只有刀子心。

语言就像玫瑰花上的刺，是用来保护自己的，而不是用来伤害别人的。

对对对，你说得都对，但是我不听你的

最近，由于工作关系，认识了一个姑娘。交集多了，有次一起吃饭，就聊起生活。

本是随意问起，结果却变成了她的吐槽大会。从父母逼婚，到价值观差异，到纠结于是否该顺从父母的意愿……好吧，这是一个标准的中龄剩女。

熟悉我的朋友知道，我对八卦毫无兴趣。所以对她讲的内容，刚开始我还应和着听听，但逐渐地，对话场景就变成了这样：

她："我觉得单身没有错，人生就是不该将就，我找的是我未来孩子的父亲，这是一个多么重要的角色……"

我："我觉得你说的很有道理，不将就也是一种人生态度，只要……"。

我还没说完，她马上接着说："我就很奇怪，为什么别人都说我是不将就。我不是不将就，我的字典里就没有‘将就’这个词，早在我 20 岁的时候，我就觉得，人生只要自己开心就好……”

等她充分地论述完“人生只要开心就好”后，我就顺着她的意思说：“是的，自己的开心只有自己才知道，所以只要你觉得开心……”

然而她再一次打断我：“为什么你们都觉得只要开心就好？人生的意义在于……”

后来再聊什么已经不重要了，无论她说了什么，我认可与否都会遭到反驳，哪怕是她之前说过的观点。

后来，我几次试图转移话题，但都没有成功，她就像一个学者发表学术论文一样，慷慨激昂说完她的观点，一顿饭吃了 3 个小时，我感觉很累。

回忆起来，她看似充实的生活和言论背后，透着她生活的空虚和落寞。

当她一次次地扮演正、反两方的角色后，她自己也没有意识到，在我眼里，她已经分成两个“她”，然后沉浸在自我的世界中，进行内在矛盾的斗争和辩论，而我在一旁尴尬得像一根电线杆子。

我还有个朋友，暂且叫她丽吧，是一个 4 岁孩子的妈妈。

有一天，她神色凝重地和我说，觉得自己不是一个好妈妈，就因为前几天，她遇到了很久不见的大学同学，在交谈中，这位大学同学对丽的育儿方法，进行了全方位的分析，并最终得出结论，小丽是个失败的母亲。

不仅如此，这位大学同学还给了她一套全新的育儿模式，并且极力要求小丽在以后的亲子关系中去实施。这让小丽非常懊恼：为什么自己觉得已经很努力了，最后却这么失败？

我听后，先和她了解了几个问题：

“这位大学同学是个宝妈吗？”

“不是，还没有结婚。”

“这个人从事的是教育方面的工作吗？”

“没有，毫不相关。”

“那这个同学是不是喜欢和孩子玩呢？”

“没看出来。那天聚会去了几个孩子，没见她和哪个小孩儿打招呼呢。”

我就问她：“那你为什么会对她的话深信不疑，甚至怀疑自己不是一个好妈妈？”

她想了半天，恍然大悟，说：“当她在和我讲述的过程中，理论非常充分，而且一套一套的，就像个专家学者，我就像被人洗脑，觉得心悦诚服，但是跳出这个思维模式一看，又觉得她说得非常空洞，根本不值得采信。”

生活中就会有这样的人，看似非常热心而真诚，给你指出错误，并告诉你改进的方法，然而，她并不是真的在关心你，而是在享受指点江山带给她的快感，甚至是通过贬低你带给她一种心理满足感。

在这种交流中，你会产生内疚自责，甚至让生活失去平衡。一旦真被她说中了，下次和别人吹牛，你就成了她拿出来开涮的例子了。

这种“伪”交流，非但无法真正地帮助你，反而会让你感到不舒服，让你深陷其中，茫然无措。

回想从大学毕业到现在，也快 10 年了。端午节回了趟老家，遇到了几个儿时的伙伴，多年未见，大家非常高兴，果断约了酒，点了串，准备好好吹吹牛皮。

伙伴 A 开始谈起离别 10 多年来她的生活状态，刚说了一两句，伙伴 B 就说：“我觉得你过得还真精彩，不像我，我读完高中后……”然后开始讲起她的故事。

起初，几个人的谈话还很活跃，但是半小时之后，就只有伙伴 B 讲她的故事，我们三人听。因为无论谁说话，伙伴 B 都会用“你们不像我，我是这样的……”来开始讲她那失败且无趣的前半生。

本以为会喝到半夜的酒，晚上 9 点就散场了。看得出，除了 B，大家都不怎么愉快。当时建的群聊，这才两天就已经没人说话了。

自以为是，强行以自己为中心，只关心自己的感受，要求他人迎合自己的交流方式，一样是一种“伪”交流。

看似是聚会，实则她根本不在乎别人的故事和经历，她在乎的是“倾诉”，或者说“发泄”，而不是“互动”。

类似的案例，在我们生活中无数次重复上演。究其原因，其实就是“主观视角”在作祟。

就像法国艺术家马塞尔•杜尚在1917年为“小便池”赋予的全新视角，让它不再是生活中的一件普通物件，而是成了独一无二的艺术品——《泉》，这件作品被视为20世纪最具影响力的标志性作品。

其实，不在一个频道上的人，是没有必要强行融在一起的。和人争个面红耳赤，也不过是想获得一种对自我的认同感罢了。

明明脑回路不同的两个人，谁能说服得了谁啊？不是一路人，就尽早散了吧。毕竟一辈子说长也不长，八字不合的俩人，是无法在老了以后，一起愉快地跳广场舞的。

不要再做朋友圈的“拇指公益”了

那天，朋友圈出了一件大事：四川地震了。

这一震，把朋友圈万年不发动态仿佛消失了的好友全震出来了，纷纷“蜡烛 + 祈福海报”走起，下面点赞的更是一排接一排的，更有甚者，当晚就将各种地震科普常识式文章转了起来，好不热闹。

要知道，我作为一个北京人，朋友圈里的人也大都来自北方，对地震基本没什么概念。突然大家都开始怒刷存在感，让我觉得有点滑稽。

更有甚者，居然编起了地震段子，诸如“成都人 vs 八级地震的故事”“《王者荣耀》打完再跑”“旅客分不清表演还是真地震”等等，低俗至极且非常不合时宜。

每次一方有难，各种社交媒体都会被这种毫无意义的内容刷屏许久，以前我非常不理解，这种对解决问题不提供任何帮助，只影响他人阅读体验的行为，到底是怎么兴起的？

别装得无懈可击，
却活得软弱无力

后来才明白，这其实是一种叫作“拇指公益”的现象。

大家似乎习惯通过手指的点击和分享，表达内心的善念和对社会公益的支持。但表达完了呢？

没被地震影响的人，大都选择照常度日：今天天气燥热，宜纳凉，忌出汗，睡个懒觉，吹着空调，怎一个爽字了得，地震又没在我家，操那个心干吗？

也许你会说，我们转发和评论，是希望能够引起更多人的关注和行动。但事实是，大家关注完，然后就没有然后了，直到下个热点到来。

“事不关己，高高挂起”，永远是沉默的大多数展现出的态度，只是无法爽快地说出口而已。这种隐形的主流价值观，虽称不上有所助益，也绝无害处。

所以，“一方有难，八方点赞”的现象中，人们对于一件事情有着不同态度，但又通过相同的方式表达了出来。

热点一个接一个，而媒体和公众的关注总是容易转瞬即逝，但对于灾难事件的亲历者来说，他们需要得到切实的帮助。

真想帮忙，有三种方式：

1. 出钱——现在捐款途径很多的，从线上到线下，便捷又可靠，把你投进《英雄联盟》里用来买“皮肤”的钱拿出一点儿来，就够了。

2. 出物——小到衣服裤子，大到提供交通工具或者救灾物资，我国快递之发达，相信经常买买买的你，早就深有体会。

3. 出人——真有点儿本事和爱心，去现场当志愿者啊，不给人添堵帮倒忙、好好干活的那种，救灾永远缺人，随时欢迎。

如果你帮不上忙，就不要瞎凑热闹瞎起哄，这是一位普通人，对灾区群众和坚守在救灾现场的人们，该有的尊重。

不占别人便宜，
是一个人的顶级教养

1. 有便宜不占，等于吃亏？

近日，一则《捡到手机索要酬谢费不成，大妈怒摔失主手机》的新闻刷爆朋友圈。

6 月 19 日，宁波姑娘小徐在上班路上丢了一部 iPhone7，被一位中年妇女捡到，谁知，见面时，该妇女竟开口索要 2000 元酬谢费，小徐无法接受，选择报警，孰料中年妇女突然怒摔手机，把小徐的手机屏幕摔了个稀巴烂。

新闻一出，网友纷纷留言谴责该妇女这种行为，明明可以是一件拾金不昧的好事，却活生生变成了捡到东西不还，借机贪小便宜的闹剧。

有的网友还非常幽默地评论道：“这个老婆子一定是这样教育晚辈的：‘不管捡到什么东西，一定不要还。’”

“捡到的东西一定要还”“不是自己的东西不能拿”，这是幼儿园老师就会教的道德常识。但是，这句话在这位大妈看来，仿佛就是一句笑话。

2. 天下没什么免费的午餐。

有人索要酬谢金，有人却拾金不昧。

2018年6月25日又出了这样一则新闻：

江西吉安峡江县的张明先生，在当地某超市购物付款后，发现刚刚充值的购物卡里余额竟然高达88.9万元。张先生发现之后，立即前去跟收银员沟通并返还，经超市核实，原来是工作人员在充值时，在该输入充值金额的地方输入了卡号。

在超市方面激动地制作锦旗送给张先生时，他却只是淡然地说："不是自己的东西不能拿。"

不是自己的东西不能拿，贪小便宜吃大亏，这个道理人人都知道，却不是人人都能深刻认识并做到这一点。

天下根本就没什么免费的午餐，天上不会掉馅饼，所以千万别贪小便宜。

3. 好货从来不便宜。

在我们的身边，因为贪小便宜而吃亏的事情还少吗？

淘宝"双十一"过后，多少剁手党惊呼图货不符，纷纷退货。

出外旅游时，为了贪小便宜，报了价格最便宜的团，结果被司机和导游强行拉去购物。

走在路上，为了领一把免费的扇子，扫了不明来历的二维码，个人信息大量泄露。

别装得无懈可击，
却活得软弱无力

知乎上就有网友提到自己的家人因为贪小便宜而吃亏的经历。

多年前，该网友的父母决定跑运输，于是准备买一辆面包车，不懂车的他们纠结于是买新车还是二手车。

在买车资金充足的条件下，该网友提醒父母，二手车市场水很深，容易上当受骗，并且二手车的价格，跟新车只相差 1 万块，如果二手车出现问题，修理费用很可能在使用期间大大超过与新车的差价等等。

但是，父母却为了省那 1 万块，执意选择相信“朋友”，买了一辆二手车。

果不其然，半年后，这辆二手车就出现各种大大小小的毛病。先是换了发动机，接下来更换启动器，调整挡位，四个轮胎换了仨，更换雨刷、大灯，并且油耗一直特别高。一年之内，这辆二手车的维修费用，很快就超过了当时与新车的差价，最重要的是，为了修车而耽误的时间更是无法弥补。

一个赤裸裸贪小便宜吃大亏的例子。贪小便宜就会上当，平时听得耳朵起老茧的话其实都是各路前辈用血的教训换来的，可是人都有贪心，总是稍不留神就犯了。

4. 贪小利影响一生。

贪小便宜不仅会让人吃眼前亏，还会影响到整个人生。

或许有些人总觉得贪点小便宜没什么大不了，在单位拿点纸巾、文具什么的没什么，无伤大雅，殊不知，这些小细节却体现了一个人的品质高低。

我有一位在某银行网点当负责人的朋友告诉我说，有一次，她带着一位下属小姑娘出去外拓做活动，活动结束后，俩人开始收拾会场，不知道谁遗落了一把漂亮的太阳伞，小姑娘看到后，心安理得地把它装进了自己的背包里，虽然朋友看着觉得怪怪的，但是也没说什么。

后来，朋友在网点发现，这个小姑娘很喜欢占各种小便宜，不管是笔还是A4纸，甚至做活动用的小礼品，她都喜欢顺手拿一些回去。

朋友告诉我，从此以后她对这个小姑娘就感觉很不放心，稍微重要的事情都不敢交给她，尤其是跟钱挂钩的事情，更是不会交给她。

最近，单位理财经理的职位空缺了出来，虽然这个小姑娘能力很强，形象也好，但是朋友还是不敢提拔她。理由很简单：不放心。贪小便宜的人会让自己快速掉价。

如果这个小姑娘，知道自己平时拿些纸笔之类小东西的举动，竟然会影响到自己的晋升，一定会后悔不已吧？

在你眼里看似没什么的小便宜，却大大影响了领导对你的信任和看法。

爱贪小便宜的人，通常格局不大，没有高瞻远瞩的能力，也不会有太大成就。真正干大事的人，谁会把那点蝇头小利看在眼里？所以不要自贬人格，暴露自己骨子里的贪婪，而毁了自己的一生！

5. 不占别人便宜，才是顶级教养。

爱贪小便宜，是很多人都会有的心理，但是，我们必须清楚地认识到，爱贪小便宜，可能会给你带来意想不到的损失。

如果你是一个无私主义者，你会发现自己比其他人高尚，但经常被身边的阿猫阿狗占便宜，你会更苦恼。

如果你是一个利己主义者，你会发现，遍地都是和自己一样爱贪便宜的人，世界烂透了，你会更苦恼。

大妈索要酬谢金这件事，已经引起了警方的重视，并介入调查。有律师表示，捡到他人财物拒不归还，可能会涉嫌刑事犯罪，或许，大妈只是一时贪小便宜，却没想到会触犯法律吧。

虽然都知道这样不好，但是并没有多少人会改变自己。究其根源，还是自己的贪婪欲望在作祟。

世界上1%的人是吃小亏而占大便宜，而99%的人是占小便宜吃大亏，大多数成功人士都属于那1%。

不如就从今天开始，做一个有教养的人，提高自己的人生格局，从不占小便宜开始。

只要人人都献出一点冷淡，世界将会变成美好的人间

1. 亲戚之间，冷淡一点。

这些年逢年过节时，总是能在网上看到各种关于别人家孩子的新闻和段子。

在上学的被各路亲戚询问和比较成绩，上班的就更惨了，不仅要被比较职位和工资，还要被催着相亲结婚生二胎。

虽然大家编了很多段子在网上反击、调侃这种现象，可是谁也不敢对亲戚问出“你知道我爷爷为什么长寿吗”这种话，只能小心翼翼地和亲戚周旋。距离产生美——说到底，亲戚之间，还是缺少一些距离。

不以亲戚之名，去打听伯父伯母之间的满地鸡毛；也不以爱之名，去询问阿姨儿子的成绩。拉开一点距离，给彼此一点喘息的空间，献出一点冷淡，世界将会变成美好人间。

别装得无懈可击，
却活得软弱无力

2. 网上冲浪，少管闲事。

如果说家里的亲戚，因为亲情还有所顾忌的话，那么很多人在网上的发言，就肆无忌惮多了，甚至把手伸到了别人的领地上。

无粉丝属性的博主，在网上吐槽明星，若是敢打出全名，大概很快就会有一大批粉丝到达战场，哪怕是只打出姓名拼音的首字母，也难逃一劫。

我作为80后老男人，感觉自己已经与时代脱节了，完全无法理解明星饭圈的一系列匪夷所思的行为。

如果说娱乐圈波及路人的事件，还属于小打小闹的话，那么网络暴力，则属于杀人放火于无形了。

还记得因为抑郁症自杀的乔任梁吗？

他曾因一条微博，本意是夸赞“天津塘沽爆炸事件”中消防员英勇无畏的，但因表达不够直接明确，而被许多键盘侠攻击，尽管他给天津塘沽爆炸灾民善后，捐了100万元。而在乔任梁因抑郁症自杀去世后，除了有许多网友悼念乔任梁外，也有不少的键盘侠，跑到井柏然的微博下，谩骂井柏然。

除了明星，也有很多的普通人，受到了网络舆论的伤害。

最近很多人感叹，如今网络上有趣的人越来越少了，很多曾经有趣的人，都因为网络上的戾气而离开。作为一个普通人，我实在是无法理解某些键盘侠的脑回路，但可以肯定的是，那些人毫无分寸，过分“热情”，对不合自己心意的事情，指手画脚，仿佛自己站在道德的高地，通过没有分寸地谴责他人，来展现自己“高尚的道德品质”，却全然不顾别人的感受。

3. 线上线下世界和平，小时候上英语课，老师就告诉我们，问别人年龄多大了是不礼貌的，和英国人聊天可以聊天气，但不能问对方的隐私。

但为什么中国人见面就问在哪里工作、结婚没有、孩子几岁这些隐私呢？诚然，中国人更习惯于家族式的生活，一大家子人在一起，也更难保护隐私。但随着社会的进步和发展，人们更希望能留有自己的空间，保持人与人之间的距离。

不管是日常的亲戚相处，还是网络社交，都保持一点冷淡，不过分关心他人的事，不对别人的事情指手画脚。

每个人都有自己的选择和生活方式，只要不犯法，不违背公序良俗，其他人都没有资格去指手画脚，更没有权利去指责。下次过年见到侄女，就别问她考了几分了，问问侄女在学校开不开心，有没有人欺负她；见到表弟也别问他年终奖多少钱了，问问他在外地累不累想不想家吧。我们这一代人，从网上冲浪到弹幕礼仪，随着互联网一同出生成长，更有责任和义务维护网络空间的洁净。

少抬杠多点赞，不侵犯他人领地，也不居高临下地指导别人，管好

别装得无懈可击，
却活得软弱无力

自己的事，少管闲事。密集的钢铁城市森林已让人喘不过气，就让人与人之间拉开一点距离，保留一点空间。

人人都献出一点冷漠，世界将会变成美好的人间。

“现在的女生有多随便？”
“你怎么不去问男生？”

今天刷知乎的时候，看到了这样的一个问题：现在的女生到底可以随便到什么程度？

下面一共 839 个回答，随便一刷，评论基本一边倒，都在告诉我们：现在的女生真的很随便。

出于好奇，我又点开了镜像问题“现在的男生到底可以随便到什么程度”？

空空的页面上只有 3 个回答。

与此同时，还有无数关于女生的问题：

“中国到底有多少 easy girl ？”

“现在的女大学生到底有多随便？”

“被包养的女生真的很多吗？”

……

别装得无懈可击，
却活得软弱无力

这样的提问非常多，而且每一个下面的留言，都非常热闹。

我们来看看用户，根据艾瑞咨询的知乎用户分析报告，知乎用户本科学历占64.5%，而硕士及以上学历占15.6%，高学历人才比例达80.1%；百度指数的分析报告中，用户人群中位于北上广深的占据前四位，性别比例中，男性比例51.55%，女性48.45%，略微偏少。

在这样高学历、经济发达城市用户为主的App社交平台上，对于“物化女性”这个社会议题，也没有“落后”于其他平台。

“性开放我没意见，但我结婚一定要处女。”一个匿名回答如是说。

我有个哥们儿，按他自己的话说是一个经常与女性发生关系的人。有一次吃饭聚会，开玩笑的时候，有人问他：“你就不怕你约的女孩儿脏吗？”

他笑了笑回答道：“要按你的说法，我比她们都要脏。”

为避免尴尬，我们都没有继续这个话题，谈到了别的东西。

如果从市场需求来说，在我身边的观看情色电影的男性女性比例相差并不大，就像大学宿舍里男性会讨论女性，而女性也会讨论男性一样。

然而，情色电影并没有体现出这一点。

都2019年了，女性从来没有摆脱男性附属标签、指向性消费品这样荒谬的属性。

“性经历，是评价女性的唯一标准。”这句话在一定程度上有失偏颇，但又很有道理。

一个女性，就算有博士学位，自给自足赚钱，年薪数十万上百万，如果她是一个性观念开放的女性，仍然会被气急败坏的男性否定，甚至是被自己的亲人否定。

而一位男性，如果物质基础丰厚，但经常出入酒店夜场，与不同女孩儿牵手，那他获得的评价会是风流倜傥，大家会觉得这很正常。

男性的性经历，不会成为他人评价男性的某一标准，但女性的性经历，会被男性当作结婚的荒谬标准。

而除了性经历以外，社会在各个方面对女性的要求，也比男性更高。

而这一状况，不仅在中国发生。

韩国文化广播公司的主持人林贤珠，在一次直播新闻的时候戴了一副眼镜。而仅仅是这样一个行为，就在韩国互联网上引发了一波口诛笔伐的舆论热潮。

在韩国，女性上街戴眼镜都会成为被钉在耻辱柱上的事。

最近的调查中，有 552 名韩国被访者称没见过女同事戴眼镜。但是在韩国，30 岁以下的人有 70% 是近视眼。

就算这样，在大街上，你能看见戴眼镜的韩国女性，也是寥寥无几。

别装得无懈可击，
却活得软弱无力

如果你留心观察，在中国，迄今为止，主持人们也没有逃出这个怪圈。

“明天公司活动，女生都化妆，男生把头洗干净穿好看点。”相信很多职场的朋友，都听过这一句话。

我们要理清楚一个逻辑：因为爱美，所以我化妆，而不是因为我身为女性，所以要化妆。

根据尼尔森数据，中国一、二线城市的女性，平均每天用在化妆上的时间为 30.1 分钟，用在护肤上的时间为 29 分钟，全国范围内，女性每年在化妆品上花费平均在 3600 元左右。

在北上广深，以北京为例，平均通勤距离为 13 公里，而平均通勤时间为 56 分钟。我们继续计算，假定一个公司早上 9 点正常打卡，提前 1 小时是 8 点，每天化妆需要 30 分钟，再加上每天选择适合当天的服装、洗漱、吃早餐等时间，要 30 分钟，也就是说，在北京工作的职场女性每天需要在 7 点钟之前起床，才能够保证自己上班不迟到。

且不说职场，在大学，我曾经问过我身边的女生，你们平均每天几点起床，花多久时间化妆？

对方给我的回答是，每天早上要 6 点 30 分左右起床，然后化妆，7 点半去上早自习。

但是如果起晚或者实在太累，她们一般会选择戴口罩。

现代社会的男性和女性，不论性别，都在陷入越来越不好的境地，都正在莫名其妙地被贴上各种各样的标签，成为各种各样奇怪的附属品。

而恐怖的是，大部分人并没有意识到这样的现状，依然在互联网上张牙舞爪暴露着自己的丑态。

《我们与恶的距离》里有一句话，大意是：所有的犯罪，最后都会怪到社会体制上。但在我们怪罪社会体制之前，还是先反思一下自己比较好。

翻下你的朋友圈，就知道你是哪种人了

我不是一个爱发朋友圈的人，却是一个爱刷朋友圈的人。

并非因为我是网瘾少年，而是在我看来，微信朋友圈是一个虚拟的朋友圈，又接近现实，一个人的朋友圈，虽然不反映他（她）的生活状态，但藏着他最真实的生活态度。

由于本职工作我经常会对接其他公司的人，在毒鸡汤里又经常有读者或广告客户加我，导致我的微信好友数量，比一般人多得多，已经快到上限了。

可以想象，几千个好友随便发点东西，我的朋友圈就会被刷屏，而且其中大部分是与我无关的信息。

作为一个重度手机使用者，我自然不会允许这样的事情发生。所以在每添加一个好友之后，我都会先点他（她）的朋友圈看一看，快速地浏览下，决定是否屏蔽他（她）的朋友圈，从而优化我朋友圈的内容质量。

朋友圈大体分为这几大类人：

1. 广告党。

我一点儿都不讨厌广告党，只要你对我真的有用。

我平时只需要在朋友圈发一个咨询，基本上任何业务都能联系到人，大到改装车珠宝商，小到水果和蛋糕，这是朋友圈给我最大的价值。所以我非常欢迎各行各业的人加我微信，经常能长知识。

可惜的是，朋友圈 90% 以上的广告党，都是无脑刷屏的主儿，这些人不是卖三无面膜传销的，就是卖地摊货衣服鞋子的，也不知到底啥人会整天瞅这种朋友圈，越发越没人买，不给你拉黑就不错了。

2. 工作狂。

这种人以一线城市职场青年为主，朋友圈一水儿的公司新闻、行业动态转发，偶尔一张自拍或者景物照，也是在工作状态的摆拍。

他们生活上是普遍比较无趣，颜值 6 分以下，男性居多，如果是女性则大概率是个职场精英！和他们对接，往往能明显感觉到工作上比较负责且执行力高，非常靠谱！

尽量多和这些人交朋友，时间久了你肯定混得不会太差。

别装得无懈可击，
却活得软弱无力

3. 晒娃党。

和三无面膜广告党一样令人头疼的群体。一天 8 个小视频，全是夸她家娃可爱的。

这种人我一概屏蔽，而且对这个人的印象也会非常差，因为她的生活除了娃，已经没有其他了，工作不上心迟到早退是常态，生活上一般因为照顾孩子开始不修边幅，油腻的中年大妈未完全体。

这种人你什么事都指望不上，倒是她很大概率会让你给孩子投个票，求个赞之类的。回想起当年带我的领导，我一直把她当人生导师的，直到 39 岁的时候她生娃了……后面的故事就不说了。

4. 自拍党。

这一类人就比较多了。

（1）女生照

有人喜欢晒近景自拍，年轻的女学生居多，虽然也不知道是几度美颜过的，反正发出来的挺好看。

有人喜欢晒生活自拍，这种比上一款要高级不少，不只好看而且文艺的居多，加分不少。

有人喜欢晒旅游自拍，如果常去云南西藏的，多是女文青，常去日韩的，多是小资家庭，常去欧美的，就是白富美了。

颜值就是正义，无条件喜欢这些人，帮忙都优先帮她们。大部分人都和我一样肤浅，只不过很少像我一样大方承认的。

（2）男生照

除非你帅破天际，跟陈冠希、吴彦祖有一拼，否则一旦你经常发自拍，就会给人一种你是同性恋的感觉，没有例外！没有例外！没有例外！

（3）秀恩爱

这种虐狗党，让整个空气都充满恋爱的酸臭味，总让人好生羡慕嫉妒恨。

但说真的，并不反感，每每看到这些虐狗党的恩爱圈，就有种回到我学生时代的感觉……那时，我也是在网上看他们秀恩爱。

5. 哈哈党。

“哈哈党”这个词源自微博，发个啥都“哈哈哈哈”，要么就是暴走表情配个网络段子或者干脆无病呻吟或者今天心情不好或者明天放假好开心，年龄层普遍比较低，95、00后居多，小女生居多，朋友圈没啥营养，很像营销号的僵尸粉。

6. 鸡汤 / 谣言党。

天天发鸡汤的，如果不是大老板，那就和天天转发谣言的人一样，要么年纪大，要么没文化。以你的父母、七大姑八大姨为主力军，由于三观不同，建议双向屏蔽。

别装得无懈可击，
却活得软弱无力

7. 酱油党。

偶尔拍拍景物，发点心情，或者干脆潜水。这类人对展示自己特别不积极，给人一种“你的生活我了如指掌，我的生活你休想知道”的感觉，非常难判断，有可能是个在网吧吃泡面的抠脚大汉，也可能是一个超模级别的白富美女神。

8. 美食党。

这一类我就很搞不懂了，去哪儿吃饭都先把菜拍个遍，也就一两百块一顿，也不是满汉全席，不知道有啥好拍的。

如果一个人的朋友圈以美食为主，且很少挂上自己的脸，八成概率丑，九成概率胖！

9. 圣母党。

今天赈灾要捐款，明天有个孩子癌症求众筹，后天隔壁小区的老大爷走丢了，大后天一堆野猫野狗求领养，感觉整个红十字会都被她承包了。

你要问她干了啥实事，那就是发了10个朋友圈，并转发给所有好友，还捐了0.1元或干脆没有。

这类人千万别删，屏蔽就好，以后想在网上卖东西了，这种可是A类种子客户。

10. 炫富党。

谁的朋友圈没几个土豪啊？谁的朋友圈不想再多几个土豪啊？谁的

朋友圈不希望土豪和自己关系很好啊？每每看到这些朋友圈，我都想问，你爸还缺干儿子吗？这种人谁不想巴结一下呢？

总有人说，不要在朋友圈里交朋友，我觉得恰恰相反。在网络已经完全影响到我们生活的今天，朋友圈就是一个测谎仪。

一个人的好与坏，就藏在朋友圈的细枝末节。一个人的快乐与悲伤，同样藏在朋友圈的状态里。

除此之外，朋友圈的状态，还会帮你自动筛选三观相合、人品相当的朋友，你发的每一条朋友圈，都决定了你会过什么样的生活。

朋友圈就是生活。

和父母最好的沟通方式，其实是不沟通

最近，一个朋友遇到了状况，是非常多人都会遇到的状况。

他和父母产生冲突，因为他的工作问题。父母希望他稳定，老老实实考个证当老师，而他想要发展，从事自己喜欢和熟悉的行当。

因为这个问题，他们曾经无数次产生争执，父母觉得他好高骛远，他觉得父母不可理喻。各路亲戚也不断给他灌输各种所谓的逆耳忠言，希望他能够听从父母的话。他反复解释，始终得不到理解。

在最近一次家庭聚会里面，父母又再次和一众亲戚七嘴八舌地发起围攻。最后，他只能强忍自己当场掀桌子的怒气吃完那顿窝火的饭。

“我真的完全不知道，要怎么和父母交流，才能让他们把我的话听进去。”

他一口气喝下半瓶啤酒，满脸通红地说。事实上，这是现在无数年轻人面临的问题。

“为什么父母总是不肯听我的话？”

高中毕业的时候，面对一堆学校和专业，你万分艰难地选出自己喜欢的学校和专业，父母却不断地向你提出你并不需要的指导，用他们的判断告诉你，什么专业好什么专业坏，应该去省外念书或者是留在省内。

当你面临毕业，父母会比你更焦急地去想你以后应该做什么；当你找到一份合适的工作，开始自己赚钱，过着专属于自己的日子，结果又因为父母每一天的催促，不得不在周末去应付那个自己根本不认识的相亲对象。

我们日复一日地，向父母解释自己想要怎么样的人生，一次又一次地爆发争吵，但最后大多都只是无功而返，在一句“我吃过的盐比你吃过的饭都多”之下落败。

随之带着满腔不被理解的委屈，又陷入痛苦与折磨之中。

无数人企图用语言和沟通来化解这场矛盾。

但事实上，绝大多数人最后得到的结果，都只有失望地在百度上查找“如何和父母有效地沟通”，然后找出一大堆鸡汤媒体写的宣扬“父母的唠叨其实是他们的爱”或者“爱是化解一切矛盾的根本方法”之类主题的毫无帮助的文章。

事实上，在当代年轻人和长辈之间，沟通，很多时候是没法实现的。

首先，年轻人和长辈之间所有的矛盾根源，就在于生活观念的不同。

就像很多上一辈的人认为女生一定要在30岁前嫁人，而当代年轻人，想法不再局限于此。不同的观念碰撞在一起，自然就会有隔阂和冲突。而且最重要的是，这种冲突是非黑即白式的、不可调和的。

就像你不论怎么论述自己想从事的行业有什么潜力，或者30岁还不结婚其实有哪些原因，长辈们都是不接受的，为什么？

人生就像一张地图，而人生的过程就像是在这张地图上不断地做标记，把这张地图补充完整。长辈们的人生地图上，早就遍布了他们用几十年的经历做下的标记，而人往往会受制于先入为主的观念，更不用说那些指导了自己那么长时间的观念。

大多数人，都不肯回过头去，在自己的地图上做出更改，或者重新做一个标记。所以，我们往往都没有办法去动摇长辈的观点。

同样地，作为一个独立的个体，年轻人有着自己看待世界的视角，很多东西都有自己的想法和见解，在处理问题方面有着自己的方式，且年轻群体有着一个共同的特点，即不轻易妥协。因此，双方往往会处于一个观念对峙的状态。

更加令人觉得无奈的是，我们没有办法去指责对方什么。因为对方的动机，往往都是“为你好”以及所谓的“爱与关怀”。

当然，这种爱太过密不透风，令人难以呼吸。如果我们去辩解和争论，最后的结果很可能是自己堕入道德低位。

那么我们要怎么处理这个问题？

没有错，我们能够采用的最好的方式，就是不沟通。

有些“圣人”这个时候就会跳出来说：“逃避不能够解决问题，问题是不会自己消失的。”而事实上，能够解决问题的不是沟通，而是“有效的沟通”。

在长辈和晚辈之间，触及重要的问题时，往往很难存在有效沟通，因为双方的观念不一致，而且一方没有办法说服另一方。

那么在这种时候，沟通反而会变成点燃引线的火苗，使双方的关系变僵。所以，最有效的方法，就是尽量回避或减少沟通，通过时间来解决这个问题。

村上春树说：“不是所有的鱼，都生活在同一片海里。”即使对方是你的父母，他们也是相对的独立个体。我们能够做的，就是“该干吗干吗”。想清楚自己的人生，做自己要做的。

不要试图和父母长辈，论述自己的宏图伟业。低下自己的头，默默地去做就好。

经过一段时间后，当我们走出自己的路，过出自己的人生：成了，他们自然就闭嘴了；败了，你连呼吸都是错的。

PART 6

感情里的扎心真相

就算朋友遍天下，你还是个 nobody

从什么时候开始，我们变得格外注意人情往来？

有多少次，哪怕内心千万个不愿意，也要去参加一个个饭局，只是为了在饭局上多认识几个人来“发展人脉”。

有多少次，明明想多读几本书，却被朋友怂恿着打开游戏，就为了能够在别人问起“你玩过 ×× 游戏吗”的时候显得合群。

有多少次，下班之后累到只想摊在床上，却又不得不回应不断跳出的微信消息，不管别人有没有考虑过自己到底想不想聊天，就怕别人说自己喜欢装高冷。

可是当你真的接受邀约时又发现：你原本想要的并不是这些，你不辜负每个人的期待，但又一无所获。

“发个朋友圈都要小心翼翼，看看有哪些词会得罪人。”

“吃喝玩乐的时候一找一大堆，帮忙的时候怎么找都找不到人。”

“难过的时候翻了好几遍通讯录，却发现连个可以说话的人都没有。”

人的社交关系分为强关系、弱关系和休眠关系三种。

强关系连接熟人和亲朋好友。

你们经常往来，感情深厚，彼此有共同的生活朋友圈或兴趣圈，了解的信息和事物是相同或者类似的。

弱关系连接同学、亲戚或者合作伙伴。

你们通常沟通和互动较少，但有一定的情感基础，各自的生活、工作圈不同，信息呈现多元化，彼此了解到的事物也是不同的。

休眠关系连接相对陌生的其他人。

你们通常会因为种种原因而打过交道，有过相关利益链接。在彼此之间维护关系的因素消失之后，你们之间的关系也会随之断裂。

强关系是我们生活的核心圈，弱关系是隐性的信息交流渠道。

这两种关系，就是我们所理解的所谓人脉，而其中往往伴随着一定的感情链接。

而休眠关系不同，休眠关系之中的感情链接非常薄弱，甚至可以说完全没有。

很多人对“社交”有一些误解，常常以为遇到的人、去交往的人都能够成为自己的人脉。所以我们下意识地不愿意放弃每一个能够与其他人缔结联系的机会。

但其实我们很多的社交活动所引发的关系都是休眠关系。

饭桌上觥筹交错，其乐融融，饭桌下还有谁记得你敬了多少杯酒？

游戏里你控制全场，队友疯狂为你加油，游戏外有谁会管你能不能抓住升职加薪的机会？

你以为你交友广泛，其实对于其他人来说，你不过是个 nobody 而已。所以我们才会有“交了那么多朋友，却没有一个可以交心”的感觉。

如果你一直以小人物的身份参加各种应酬，那你就只能一辈子都做个小人物了。

J 就是这样的人，他热衷于在各个人际圈里面刷脸。

在我和他的共同好友之中，几乎每一个人的朋友圈里都有他的留言和点赞，几乎所有的群聊里面都有他的身影。

今天和这个人一起吃饭，明天和那个人一起唱 K，后天又和其他人一起撸串……好像走到哪里都有他的朋友一样。

我曾很羡慕他的交际能力，一直以为他会是我认识的人里面发展最好的那一个。

后来，某天跟一个也认识J的朋友聊天谈到他，才知道他这两年的生活也不怎么好过。

朋友的原话是："他几乎把所有的钱和时间都用在应酬上了，自己的专业能力反而没时间提升，所以升职加薪也就一直轮不到他。他就一直在原地踏步。"

网络上有个"100人法则"：100人之中只有1个人具备生产内容的能力，10个人会与其互动，剩余89人都是浏览为主的内容消费者。

如果你是那个能生产内容的人，能为其他99个人创造价值，那就会有99个人认可你。

如果你是一个能跟其他人互动的人，就能和其他10个人通过碰撞而提供价值，那么就会有10个人认可你。

如果你只能默默浏览内容，无法为别人提供价值，那么认识你的就只有你自己。

成年人的交往本身就带有互相利用的性质。

你没有可以提供的资源，别人的资源自然也就不会倾斜到你身上。

你能提供的价值才是最好的名片，你认识多少人并不重要，重要的是你能为多少人提供价值，有多少人认可你的价值！

而对这种价值的认可程度决定了你在别人心目中的地位。

就像《奇葩说》的辩手杨奇函说过的那样：“50元的人民币设计得再好看，也不如100块更招人喜欢。”

想要得到他人认可最有效的办法，永远是好好经营自己。

“人无我有，人有我优，人优我特”才是你摆脱小人物身份的最好途径。

哪怕玩累了，
女孩还是会惦记“坏”男孩们

人性本“贱”，得不到的才是最好的。

尤其是爱情，付出过多的一方总是不被人珍惜。

我想你肯定经历过，或者见证过以下情景：

一个好男人在千方百计对一个女孩子“好”之后，去跟这个女孩子表白，然后女孩子会跟他说：“你很好，但是我对你没有感觉，我们还是做朋友吧。”

最后这个女孩子会莫名其妙地跟一个看起来是个小混混的坏男人在一起。

这个小混混要钱没钱，要工作没工作，也没什么了不得的背景，还抽烟喝酒逛夜场，跟那个好男人没法比。

你不禁开始怀疑：这个世界是怎么了，鲜花怎么老插在牛粪上啊？！

坏男孩就像垃圾食品，我们都知道长期吃会有害身体，但就是管不住嘴，因为真的蛮好吃啊！

坏男孩的代表人物，非陈冠希莫属了。

出事之前，他一直以放荡不羁著称，他在网友心中的形象都是一个个割裂的词语：帅、坏、粗鲁、耿直、有风格。

他代表了年轻的时代，也是最叛逆的时代。

我问过许多人，现在你还喜欢陈冠希吗？大部分人的回答都是喜欢，而为什么喜欢，却说不出来。

这就是一种很微妙的感觉，你觉得这个人好，却找不到任何语言去描述。

从某种程度上来说，坏男人的确可以被比作猎人，而女人则是猎物。但事实上，很多女人甘愿成为他们的猎物，甚至以此为荣。在青春的激扬之中，在混杂着愚钝、快感、幸福的交错吸引之中，她答应了。

在追女孩的路上，好男孩的确是很勤奋，做了很多事，但是不合适。而坏男孩却能把握到男女相处的真谛，一路所向披靡。

如果一个男人天天围着你转，你可能会不屑一顾。而有些男孩，有点儿小坏，但是生活会有很多情趣，他会很多办法哄你开心。有时候，跟一个木讷的男人在一起，你会觉得很尴尬，很没意思，因为他给不了你要的那种刺激和心跳的感觉，自然而然你就去选择了坏男孩。

坏男孩就像魔鬼，可怕的是，魔鬼总是比较有意思。

大多数人的生活，都是循规蹈矩毫无波澜，而坏男孩可以给你打开新世界的大门。坏可以是叛逆，可以是不受规则的约束，可以有超出预期的行为或者做法，可以给人意外与惊喜。

坏是一种套路，是一种男生借以博得女生青睐或者注意的方法，因为男生坏了一点，稍微不太正经，所以女生才觉得这样的男人既能宠自己，又能逗自己。只要套路深啊，铁杵磨成针。

其实很多人年轻时都想做个坏男孩来着，怎奈最终却收到了“好人卡”。

女孩说，我冷了，好男孩会把自己的衣服脱给她穿，坏男孩会抱着女孩。

女孩说，前面路太黑，好男孩会打开手电筒，坏男孩会牵着女孩的手。

女孩发朋友圈说我饿了，好男孩会寄好吃的到她家，坏男孩会跟她一起做饭，第二天一起起床。

如果你是这样的好男孩，自然只能在备胎的路上越走越远，最后捧着鲜花在风中凋零，恳求女神不要走。

也许那时很傻很天真的你，自认为这样才是对女孩真的好，但现在再回过头想想，估计你会骂自己是个傻子吧，没有后悔的机会，也不会

别装得无懈可击，
却活得软弱无力

有人会因此感谢你、同情你。

不过你也不用太遗憾，就算真能回到过去，你也没什么希望。

毕竟，你有那么甜的嘴巴，能让女孩同意和你单独出来吃饭约会吗？你有那么灵的嗅觉，能抓住稍纵即逝的机会牵到女孩的手吗？你有那么厚的脸皮，能女孩矜持的情况下吻到女孩的脸颊吗？

不，你没有。

喜欢就去争取啊，
你看上的白菜等着别的猪去拱吗？

最近我迷上了喝红酒，就去一家实体店逛了逛。很快相中了一瓶法国干红，拿上就准备去结账了。

一位销售走了过来："小伙子看红酒啊？你那瓶 500 多，不如这款，做活动的，399 买一赠一。"

后来又吧啦吧啦说了一堆，反正大概意思就是这俩差不多档次，买这瓶性价比高。

想想也是，我又不懂红酒，就是喝着玩玩，就这样我省下了 100 多块钱，还多拿到一瓶酒。

回家我就后悔了。

倒不是说这两瓶酒不好喝，而是我一直惦记着最开始选的那瓶。导致我每次喝这两瓶酒，都像执行任务，想快点喝完去买那一瓶。

第一眼看中的东西，就是最想要的。无论替代品多么接近，都没法代替它。

这让我想起另一件事。

几个月前周杰伦来北京开演唱会，我和朋友分别买的票。经过黄牛的一番加价，我花 5000 块买了张内场前排的，朋友花 700 块买了看台后排的。

朋友吐槽我：“你钱多得没处花了吧？”

我不以为意：“他一年才来北京一次啊！”

演唱会当天，宽敞的工人体育场里，周杰伦就在我面前十几米的地方，视觉效果好到爆炸，而朋友则淹没在看台上耀眼的荧光棒中。

演唱会结束我们去撸串，朋友抱怨自己侧着身子看了一整场电子屏，结果脖子疼，还不如在网上看直播效果好呢。

喜欢的东西，就要选自己承受范围内最贵的，其实这样反而最划算。如果暂时买不起，就不要买。总糊弄自己，时间久了就习惯自己被糊弄了。

昨天，一张朋友圈截图刷爆微博：

“面试个美签而已，这么给自己加戏，炫耀了一身名牌，可这么牛怎么第一次美签啊……这不科学。”

其实这位女士也没干什么坏事，比那位堵列车门的人民教师好多了。她只是在朋友圈虚荣了一下，但由于形式和内容实在太低端了，最终沦为笑柄。

人可以物质但不要虚荣，钱可以花在很多地方，你可以买条大金链子挂脖子上，也可以买套高档护肤品保养自己。但要记住，买任何东西都要出于需要，而不是为了炫耀。

2020 年，中国唯一的“千元股”贵州茅台又创新高了。

同事中午吃饭的时候聊到这个，纷纷唉声叹气：“几年前我就关注了，早知道买点了。”“可不是吗，那会儿几百块我还觉得贵呢！当时没当回事，谁能想到涨成这样啊！”“我那会儿要是买了，现在还上什么班啊！”

这和 2008 年前没买京沪房子的人，口吻多么地一致。历史总会重复上演，机会是留给有准备的人的，不是给只会马后炮的人的。

不管是人是物，喜欢就尽快下手，不要磨叽半天犹豫不决。有些事宁愿做了后悔，也不要后悔当初没有去做。

2020 年已经因疫情的缘故，被动地少了半年时间，别再消耗时间了。再这样下去，2021 年等待你的，依然不会是新的篇章。除了按部就班日复一日无可奈何地过活，还有一事无成，一塌糊涂，一路迷茫。

醒醒吧，年轻人！

如果你不努力，很快就会被社会淘汰的；但如果你努力了，至少过几年才会被社会淘汰啊。

要是有希望，谁还结婚啊？

作为最后一批 80 后、第一批 90 后的我，发现身边有结婚想法的人越来越多了。虽然这两年佛系生活的人气很高，但对于单身狗们来说，内心深处的寂寞，还是随着年底的到来接近顶峰。

有趣的是，这些人想结婚的理由大都与爱情无关。有的是受不了家里连环夺命催婚了，想赶紧堵住悠悠众口；有的是觉得一个人北漂的成本太高了，找个对象至少还能平摊一下房租；有的只是想看看能不能钓个金龟婿让自己少奋斗个几十年；还有的人只是为了赶紧合法生个孩子，怕自己以后岁数大了生不成而绝后了。

其实很多人结婚就是为了给自己失败的人生找个借口，如果独身一人，度过失败的一生，只能怪自己失败，如果结婚了，还能怪另一半，只是嘴上不承认罢了。

完美的婚姻仅在小说里。

现实中的婚姻，是一个被人类过度美化的东西。婚姻里的各种利害关系，以及各种鸡零狗碎，都被人选择性忽略了。

在我的知识星球里，有位粉丝也曾问过类似的问题，我当时的回答是：“两个人都是弱鸡，就是最稳定的婚姻。”

父辈那些人能安稳过了一辈子，很大原因是那个年代物质匮乏，人需要抱团取暖才能活下去，加上当时的思想传统，也没现在这么多元化，所以“忍忍就过去了”“凑合过就完了”是行得通的。

现在整体的大环境和几十年前大不同，大家更注重自己的幸福指数，谁要是说“凑合凑合得了”，基本对方下一句就是“你怎么不上天呢”。

好些人自己是“三无产品”，还总迷之自信地认为，能找到有钱有颜的另一半。殊不知你不愿和没房没车的男人结婚，而有房有车的男人同样看不上你啊。

大家都挺忙的，谁都是无利不起早。别总幻想王子爱上灰姑娘的故事能在自己身上发生，再说了，灰姑娘也不是穷光蛋，灰姑娘的爹也是伯爵呢。

至于那些整天被催婚催得烦，想盲目结婚的，我建议你们也听我说两句。

其实催婚和问“你吃了吗”性质差不多，就是随口说说，人们对于和自己没有利害关系的事情总可以畅所欲言，俗称站着说话不腰疼。你

别装得无懈可击，
却活得软弱无力

一定要理智，可别被忽悠了。

那些没有设身处地为你着想提的建议，肯定是很糟糕的建议，听信糟糕的建议代价是很昂贵的，而且是你自己承担。

对于那些整天没事干的老年碎嘴子，我真心奉劝你们，别再逼婚了，每个人只能对自己负责，没有人需要一模一样的罐头人生。其实，你们根本不敢对子女的婚姻幸福做出承诺对吗？那么，带着你们的老伴去跳广场舞吧，那是属于你们自己的幸福时光。

最后，想对整天着急生孩子的这帮人说，没钱您就真的别生了，孩子遭罪。

接触过很多匆匆结婚又匆匆生育的人。从旁人的角度很容易看出来：孩子生下来他们就后悔了。但承认这点实在太可怕，所以绝不承认，再把压力和焦虑转嫁到孩子身上：对他们苛刻如债主，折磨压榨，然后把这种苛刻解释为关爱，妄想他们飞黄腾达然后带着自己也走上人生巅峰，达成逻辑自洽。

事实上，父母才是孩子真正的起跑线，你自己混得不咋样，你家孩子的终点都够不着别人家孩子的起跑线，扎心不？

以前看过一个故事，说这世上有一种鸟，自己飞不起来，就在窝里不停下蛋，逼下一代小崽子使劲飞，飞不起来就骂孩子不争气。这简直就是我国大部分父母的真实写照。

我妈发现
我微信朋友圈把她给屏蔽了

上周去广西出差，吃了一个烤熟的大蜈蚣，果断发了条朋友圈。我妈听朋友跟她聊到这个，马上就去翻开我朋友圈，结果只看到一条黑线。

“我儿子把我屏蔽了。”她和朋友说。

虽然不在现场，但隔着屏幕我都能想象她当时失落的表情。我一度有点儿心酸，想把对她的屏蔽取消掉，但考虑再三还是放弃了。

因为这么“绝情”的操作，是经过我深思熟虑的。我不想或者不敢让你看到，所以我只能屏蔽你了。

父母想要通过朋友圈这个途径来了解你的生活，怕你走弯路，为你的人生出谋划策。

但我不想他们因为一点儿风吹草动就紧张兮兮，也不想他们因为一点儿小事就找我唠唠叨叨，更不想因为发了什么“刺激”的文字就被他们一顿教育。

虽然可以设置分组，但是一旦有父母的存在，你必然在发朋友圈的时候有所顾忌，这样就失去了朋友圈本来的意义了。

我对她是双向屏蔽的：不看她的朋友圈，也不允许她看我的朋友圈。

不看她的朋友圈，是因为她和绝大多数父母的朋友圈一样，是谣言、标题党、虚假广告等垃圾信息的回收站，可读性几乎为零。而不让她看我的，则很大原因是因为三观极为不同，无法和平相处，让她看到某些内容，只会给自己添堵。

况且，父母与我们的沟通，其实也并不多吧？

18 岁以前，是因为我们嫌父母烦，不想听。18 岁以后，是因为交集越来越少，没话说。

聊天翻来覆去也就那几句：“吃了吗？”“天气好吗？”“生活还适应吗？”“工作还顺利吗？”“晚上早点休息啊！”还不如朋友圈那些微商给我发的广告有料呢。

也许有人会说，为什么不尝试和父母做朋友呢？

这想法固然不错，但我们都知道那只能停留在理论上。身边也有父母和子女做好朋友的典型案例，但那都是极少数，大多数年轻人和父母之间都存在较深的代沟。

在成长的道路上与父母的关系渐行渐远，我们因价值观的不同注定产生诸多隔阂，这是无法避免的。

另外，我也不认同屏蔽父母就是不爱、不孝之类的观点。

屏蔽朋友圈，只说明我和他们不是朋友，但那份亲情还是在的。

听过一段特别有道理的话：所谓父女母子一场，只不过意味着，你和他的缘分就是今生今世不断地在目送他的背影渐行渐远。你站立在小路的这一端，看着他逐渐消失在小路转弯的地方，而且，他用背影默默告诉你——不必追。

朋友之间
是如何变淡的?

闲来无事，翻看以前的通讯录。看到很多熟悉的名字，曾经感情那么好，现在也渐渐不联系了。

突然扫到一个醒目的名字，很久没看到过他的动态了，出于好奇点开了微信头像，结果朋友圈就只有一条黑线。

朋友之间是如何变淡的？

不一定非要有什么理由，也许只因为，岁月在变迁，彼此在成长吧。

就如同 4 年的大学生活，你们睡在同一个寝室里，上同样的课程，吃同样的饭菜，甚至走同样的路，这容易让人产生一种错觉：我们一起经历过那么多事情，喜怒哀乐都能一起感受，我们是最好的朋友。

于是，你们在毕业那天，喝得烂醉，有些人情到深处，不禁流下滚烫的热泪，大伙儿抱在一起，哽咽着说：“毕业后一定要保持联系，友情不能忘。”

好朋友是有阶段性的，时间和空间是扼杀感情的两大杀手。

刚刚毕业，你们有太多的不舍，于是你把他们拉进一个群里，大家有事没事都在群里扯这扯那，但说来说去，无非都是对过往的追忆，没有多少新鲜的东西。

笑话讲久了，都会腻，何况回忆。

没过多久，你们的微信群静了下来，彼此的互动更是少之又少。

你终于明白，所谓的朋友根本不是同一类人，只是在某个时间点，我们出现在同一间教室，我们需要有人陪我们一起上课吃饭喝酒撸串买衣服，而恰好他们也有这个需求，所以我们各取所需，天天在一起，这让我们误以为彼此情感上很近，实际上我们只是空间上近而已。

友情里最让人唏嘘的时刻是，一开始我把你当成值得深交的人，后来因为某些事对你有些微的失望，于是不断说服自己人与人之间本该如此淡薄，又把你放回到一个普通路人甲的位置上，与你维持着表面的和平。

这一系列的心理变化过程，你连半分都不知。

多年后我们再遇见，当音乐的前奏响起时，我想到的是《好久不见》，而你想到的是《不如不见》。

你朋友圈哪个分组里，才是真的你？

前几天有条社会新闻很有趣，说一位博士网上征婚，6 天内被骗了 7400 多元……

在网上搜了下大概查到了前因后果：博士哥在某征婚网站上添加了清纯妹子的微信，两人相谈甚欢，女生让博士给她发 520 块的红包，因为自己想发到朋友圈里炫耀。

他觉得既然发了朋友圈，就等于公开承认了他们的关系，暗爽。

后来女生开始频繁在朋友圈秀恩爱，博士对女生几乎是有求必应，各种送钱。可是，原来妹子的朋友圈是分组可见的，她同时和 n 个男生聊天，只有发红包的人，才能看到她朋友圈的专属“秀恩爱”。

事情败露后博士才恍然大悟，恋爱使人智障。

朋友圈分组可见，大家一定不陌生。

正如微信的口号说的那样："微信，是一个生活方式。"

微信早已不是私人的交友空间，朋友圈也不仅是发给真朋友看的，老板、同事、客户、暗恋对象、备胎、路人甲……都是围观群众。

"分组可见"这个功能真是高明，能让一个人在朋友圈里演绎不同的角色。

前两天有个30岁还没谈过恋爱的球队哥们儿，比较腼腆，从来不好意思主动开口的那种（要不怎么单身呢），问我怎么才能约喜欢的女生出来。

我翻了翻那个女生的朋友圈，发现头天她发了条状态：想去看电影，可惜没人陪。

我就给他献了一个"妙计"：让他买了女生家附近电影院的票，发了状态：朋友送的电影票，两张，有想同去的没？

当然，设置了只对该女生可见。一会儿，女生还真回他了，"昨天K陪我看了这电影，非常不错，推荐！"

"好歹她理你了啊。"我苍白地安慰着，他却默默地删了那条状态。

好吧，这是一个悲伤的故事。

可能每个有暗恋对象的人都有一个这样的分组吧，里面只有孤零零一个人，却塞满了你所有的关注，虽然并没有什么用。

其实这女生还算好的，起码能看她全部的朋友圈，现在越来越多人选择只显示最近三天的状态，基本上不是只有一两条，就是一条黑线。

我觉得这功能很不好，就像当年QQ发明了“隐身”功能一样，大家都匿了，还玩什么啊？

大部分人本来就不怎么发状态，再勾了这个选项，和互相屏蔽也没什么区别了。

自从这个功能出现以来，来测试谁把你删了的人大幅增加。

除了不发状态的，还有一部分更悲催，人家的朋友圈全部可见，只是一共没几条。有些人，就是不想把你拉进她“真实的朋友圈”。

你以为人家不怎么发，其实只是你不在可见的分组里。文章开头那个傻博士，就吃了这个亏。

世界上最远的距离就是我对你设置特别关注，你却对我设置分组不可见。

曾经，有一个非常亲密的朋友，我们互相分享自己的所有秘密，我们俩都有好几个朋友圈分组，但我们对对方全部朋友圈可见。

看她在朋友圈一会儿为自己加油打气，一会儿疯狂吐槽同事领导，一会儿晒旅游的美照，一会儿自拍配心灵感悟，不知道的还以为她人格分裂。

多元化的朋友圈人设，让她在处理复杂的朋友圈关系时也能非常顺手。

我数了一下，自己的朋友圈一共有 10 个分组，多数时候，我会选择那个叫 L 的分组，一个只有我自己的分组。

我的微信里有几千人，现实中认识的不足一半，其中能算得上朋友的更是一只手就数得过来。

我喜欢把一些我觉得非常认同的话，或者是写给自己的话，发在里面，算是一种学习笔记、一种 mini 日记，或者说是一种记录。

为什么呢？想想看，发一条状态前花那么长的心思去设置分组，仔细筛选，忐忑地分析哪些人可以看，哪些人不能看，到发送前的那一刻，你还有倾诉的心情吗？

我不太喜欢在朋友圈发自拍，也不太喜欢发心情，尤其不喜欢表达观点，毕竟有时候那些文字，是能刺痛大众的玻璃心的，既然不能让大家喜欢全部的样子，不如干脆就不展示自己的样子好了。

想想那些小心翼翼地经营朋友圈的人，还真是让人心疼。

我们的年轻人，都缺一堂生命课

最近有两个报道，令人觉得无比遗憾：一位甘肃少女在众人的围观和怂恿下跳楼自尽；三名男生在QQ群上相约烧炭自杀。

两件事情毫无联系，事件发生的过程与纠纷，也没有任何相似点。

许多人要么围绕着人性的丑陋进行批判，要么对平台是否对公民通信进行监管的问题展开激烈讨论。

但是在整个过程里面，有不少人忘记了一个重要的问题。这两个事件有一个重要的共通点，那就是青少年自杀。

大概有意的人会注意到，这并不是个案，每隔一段时间，我们就会从网上看到类似的事情。

每一次，我们都会觉得遗憾和惋惜，但每一次，轰动和讨论过后，这样的事情仍然在不断发生。

有时候，我们在痛斥相关社会问题的时候，也会不由自主地想到：“我们的年轻人到底怎么了？”

有不少人会将原因归结为，现在的年轻人心理承受能力太差，遇上一点点事情，就要死要活。

然后，将几十年前那些物质匮乏的日子搬出来，告诉年轻人们，以前人们就算挖草根啃树皮，也要活下去，试图以此提醒年轻人：“你们现在的生活这么好，还有什么好自杀的？”

事实上，这根本没有指出问题的本质。

过去的人们所面对的，是物质的严重不足，他们要对抗的就是死亡本身；而当下人们要应付的，是来自各个方面的压力。这些压力在很大程度上，是精神的压力。

当一个人长时间处于精神高压的时候，死亡就不再是对抗的对象，而是一种寻求解脱的途径。

我们需要认识到的事实是，在这种现象的背后，隐藏着的是年轻人对于生命和生活认知的不足。

不论青少年出于什么原因而自杀，根源几乎都可以归结到这一点上。

因为经历的不足，年轻人对于生活的理解，天生带着一种理想的有色眼镜，会下意识地去用美好的眼光去看待世界。

但事实上，很多时候我们的生活，都是充斥着痛苦与空虚的，比如日复一日的无聊工作，比如突如其来的病痛，比如防不胜防的人渣。

—

内心单纯的年轻人们，遇上这些情况，期望与现实的差距，很容易在内心造成巨大的落差感，尤其是当他们受到侵犯或伤害的时候，这种落差感，更加会演变成为一种长期且深刻的阴影。

因此，我们需要的不是“自杀不能解决问题”这种上帝视角的观点，更不需要什么“生活是美好的”这种陈词滥调。

我们需要的，是要让青少年们认识到所谓生命的本质。

世界并不全是美好的，生命也不像透过柔光滤镜所看到的那般精致华美。

生命中偶尔也会有阴影，但是，当我们觉得内心空虚的时候，更需要记住的一点是，生命没有什么特定的目的和意义，活着本来就是生命的目的之一。

在保罗·范霍文执导的法国电影《她》里面，女主人公米歇尔惨遭强暴，但她仍然该上班的时候上班，该吃饭的时候吃饭，保持着自己一贯的生活，甚至凭一己之力与罪犯斗智斗勇。

面对生活的痛苦，她始终坚持着一个原则：活下去并与之斗争。

当我们受到伤害的时候，想想那些曾侵犯我们的人仍然苟活在世上，但我们却因为他们而放弃自己的生命，这真的值得吗？

我们从小被教育，要爱护生命。可是爱护花花草草的年轻人们，却对自己的生命极其轻视。

寻求死亡，是因为我们见识到了生活的不易，但死亡不过是对这种不容易的妥协与逃避。

我们坚持活着，不仅是为了不让爱我们的人伤心，还是因为我们不应该因为这种不易而放弃我们自己活着的权利。

在这个世界里，我们只能够坚强一点，努力一点，变得强一点，才能让这个世界不显得那么糟糕。

这个世界虽然不完美，但我们仍可以治愈自己。

正因真正的独立如此可贵，才让伪独立女性泛滥成群

近年来，探讨女性人生赢家的文章到处可见，无论是哪一篇文章，评判女性成功都少不了一个标准：独立。

作者们似乎总喜欢这样定义美好的女性们：独立，事业家庭二者兼得，战得胜职场，处得了家庭，甩得了渣男，买得起包包。

凭借独立精神喜提优质男神的赢家仙女们，就算有夸张成分，依然让人迷之向往，但她们存在的价值，并不应该是误导年轻女孩们轻易否定普通男性。

不要以为自己混得还行，就随便自诩为独立女性，更不要因为自己赚了几个钱，就把赚不了很多钱的男友视为废物。

何为独立女性？独立女性指的是经济、精神思想以及人格方面都有独立性的女性，这类女性富有主见，有更好的生存能力、情商、社交能力等，她们绝不会变强后就贬低男人，而应是不欺人，不自欺。

说白了，别以为自己独立了，就可以为所欲为，自恃“独立”而行“凶”。

可惜的是，越来越多人扛着“独立”的旗帜大行其凶，以前相濡以沫的美好爱情向往被毁得七零八落，价值观念的演变或有心人的煽动洗脑，让很多女性变成白眼狼，把爱人的付出全当义务。

前段时间，我表哥跟我诉苦，说女朋友自从看到同事家里有好几个名牌包后，便处处挖苦他。为了让女友开心，表哥牙一咬心一横，用半年的奖金为她买了个 12000 块的包包，女朋友收到时非但没有感谢，还当场抱怨他只买了一个。

讽刺的是，我表哥从没给自己买过 1000 块以上的物品，却愿意倾尽所有为她买个名牌包。

要知道，这俩生活在乡村的公务员，一个月工资合起来都没到 10000。

这桩买卖公平吗？当然不公平，表哥因为对女朋友的爱，甘愿奉献出自己满满的心意，对方没看到他的好和付出，却只看到他目前经济能力的不足，心意付诸流水。

想起网上那个恶俗不堪的观点：看他多爱你，就看他为你花多少钱。

12000 不算多，但对于家庭条件不宽松的表哥而言，已尽到他目前最大的能力。花钱不多，这就说明表哥不够爱她吗？不，是他的女朋友还不配得到他那诚恳的爱。

我那表哥的女朋友，整天在朋友圈上叫嚷女性要经济独立，把自己的形象塑造得无比强悍，宣扬自己多努力才拥有了现在的一切，不喜欢靠男人云云。

这叫独立吗？按照她的意思，经济独立的女性应该自己赚钱买包包才对。在我看来，她这种做法无异于一边叫口号，一边耍空拳，是实实在在的伪独立女性。

追求经济独立的女性总说，面包我自己会赚，给我爱情就好。但扪心自问，真正做到这一点的女性，占据多少比重？

太多的女性，一边说着只靠自己，一边却又心安理得地一次次接受爱人勒紧裤腰带买回来的奢侈品，或是直接以此功利判断对方爱的诚意。

正因真正的独立如此可贵，才让伪独立女性泛滥成群。如果说追求独立是新时代女性价值观的主旋律，那么一边构建心中蓝图，一边又亲手打破规则，是最经不起推敲的单向意淫。

独立绝非双标，人前独立，人后依赖最打脸。

经济独立绝不仅仅指自己有工作，会赚钱，不用男人养，还意味着应与伴侣在经济方面平等分担，互相尊重。嘴上说的跟实际行动偏差过大，也没有资格为女性独立正名。

我想，在两性关系上能更好地体现女性经济独立的标准应是：我有的，你不需要给。我没有的，你主动诚心送给我，我乐于接受。令你感到为难的，我也绝不会让你难堪。

真正的独立女性不以居于弱势地位而自怜，也不高调为自己挣“脸面”，不卑不亢地活着。

主动撕下女性“标签”带来的福利，不想当然地认为男性该如何，这才是独立的本意。独立“大女主”并非真的好当，比经济独立层次更高，也更难做到的，是精神境界和人格的独立。

在很多小女人的眼里，谈恋爱后，男人生命里似乎只剩下一件事，就是无条件地宠爱自己。

这实质是一种精神和人格都缺乏独立意识的表现。

因为我美好、美貌、年轻，就应该让那个他捧着端着，一辈子视我如“公主”。他为我做什么都是理所当然的，感情中出了问题都是因为他不够爱我，对方有哪些不足的都是我将就，买不起名牌包的男人就不要考虑了。

这样的豪言壮语是不是都已经烂熟于心了？

恋爱时找的是个爱人，不是什么都由着我们小性子来的父亲，尤其是当恋爱关系转变成婚姻关系之后，女性减少对爱人的精神依赖，对于一段关系的和谐，尤其重要。

不懂得尊重及感恩，以目前买不买得起贵重物品来判定选择伴侣，实在是肤浅至极，更体现出心智成熟度低。

大肆宣扬的女性“独立揭竿起义”的确曾带领某些女性走出过困境，而且成为无数“独立”女性收藏的金科语句。但其内涵的意义若没被正确认识，或者只当成一句麻醉自己的口号，则往往会产生毒鸡汤式的反应，引发对独立的误解。

独立，并非整天嚷嚷自己要掌握一切，精神和经济上都不依赖男人，但转身却从精神上绑架爱人，让他随时随地像地球一样绕着自己这颗发光的太阳转个不停。

最可怕的是，自发认为这种精神层面的伪独立是再正常不过，样样以自己的标准行事，变成另一种穷凶极恶。

当个独立女性虽然很有魅力，但，对于生理及心理上处于先天弱势的女性而言，当个 100% 的独立女性，并非容易。如果你恰好有个爱人，那就更要有非一般的忍耐力和同理心。

对于一个精神和人格独立的女性而言，你可能要忍受以下痛苦：工作上的闲气，忍住不向他如祥林嫂一样抱怨。工作中遇到的难题，沉下心来想方法解决，而非向他一味撒娇。

家庭里的琐碎事，把自己负责的那部分处理得井井有条。夜晚来“大姨妈”痛得睡不着时，他出差时，一个人起来煮红糖姜水。看见心动的包包，对方不主动买时愿意自掏腰包。倒霉事一连串时，不慌不乱解决一大堆问题。

对于独立女性而言，不把公司的破事带回家里造成纷扰，在正事面前情商在线，应是最基本的处事态度。

若连这一点都做不到，还敢给自己脸上贴金？处事成熟有序，一举一动经得起旁人的欣赏，才会有独立女性散发的大气。

除了经济上的独立，精神和人格独立也是难如蜀道。遇到思想困惑，不狂乱倒苦水，而是默默消化，一步步长智。

追求独立，是一个变孤独的过程，在孤独中品味着自己的甜酸苦辣，沿途的荆棘，无人能真的破，个中的心酸，无人能确切懂。

你以为可以在这条路上轻易修炼到100分，满师下山，后面却又藏着更大的考验，一步步让你发狂、崩溃，甚至卷土重来。

独立一旦不坚持，必定是个伪命题。

一入侯门深似海，坚持独立成汉子。

女汉子为什么会被人欣赏？因为她们不矫揉造作，也不轻易依赖他人，无论是思想上还是经济上，都不把爱人当成“救生圈”。

这类人比较“完整”，不自怨自艾，不作茧自缚，也只有这类人，才真的有资格把自己称为独立女性。

独立的仙女本质上都是个女汉子，伪独立女性们当然难以想象，那些真正实现了独立的仙女们，背后忍受了多少艰辛。

既然是这样，为何不选择更容易的路，找个人依靠以减轻痛楚呢？有句话说得好：哪有什么独立，不过是没有真正的依靠罢了。

别太把自己当回事

如果总分是 10 分，你可以随便问一问身边的人，你对他们的重要性有几分？

可能你已经有所预期。但是，放心吧，倘若每个人都发自内心去打分，除了你的父母，其他人都会让你失望。

前段时间，作为实验者，我参与了一项心理学实验的研究。

我把卫衣前后颠倒过来穿到身上，有帽子的一面穿在前面，然后故意在人群中走动，自我感觉被无数双眼睛注视着。

但经过近 2 个小时的实验和采访，最终却仅有不到 10% 的人，注意到我把衣服穿反了，绝大多数人都丝毫没有察觉。

尽管我在实验前，有一定的心理准备，但对于结果，内心仍有很大的失落感。

这个实验是为了验证“聚光灯效应”。所谓“聚光灯效应”，指不经意地把自己的问题放到无限大，人们常常认为自己会被过多地注意到，自己会是受人瞩目的主角，而事实并非如此。

换一件衣服，换个发型，就觉得会引起大家注意。甚至故意说一些话，做一些动作，吸引他人的注意力。

这些行为和想法，真的是很可笑了。如果你不是万人追捧的明星，其实真的没有人会在意你做了什么。

你没有自己想象的那么重要。

我们总是认为自己很重要，习惯性把自己的感受放大，从而认为全宇宙都对不起你。

别人拒绝了你，就是伤害你了吗？别人就是太忙而忽视你了，谁也没有义务把你当作世界的中心。

你凭什么指责别人做得不对？是你一直给自己加戏，觉得所有人都对不起你。

可是，别天真了，这个世界上没有任何人对不起你。

就算对不起，又能怎样？

别把自己看得那么重要，你眼中的这些所谓的大事，在别人眼里，根本就不是事，你不过是一直和自己较劲。

以后不要再顾影自怜了，那不过是在证明你的无能。不要成为一个矫情的人，也不要再去指责任何人，因为你还没有资格。

特别反感和一类人相处，似乎总是毫无理由地生气，习惯让对方去猜测你的心思。这个世界真没几个人懂你，更没几个人有闲情逸致去猜你怎么想的，别作。

例如在恋爱中，遇到不满或者问题时，我们总会觉得，即使不说，但对方也该感受到，你认为对方可以知道你的想法，你习惯了让别人猜测你的心思。

而事实是，你不说只会让自己更难过，没有人可以察觉到，而且只会让事情变得更复杂。有多少关系就是在这样的猜来猜去中猜没了的。

很多时候，我们在感情里太过纠结，不过是因为刻意想要增强自己在对方心里的重要性。

你患得患失，反复确认自己的独一无二。你努力想要让自己成为对方生命中的主角，却忘记了你永远都是他人生命中的过客。

爱情，是高尚纯洁的，但即使再亲密的关系，也需要有适当的距离，你很重要，但每个人生命中的主角，都只是自己。

你想要什么，不想要什么，你有不满，你是否愿意，是否接受，以后请直接表达出来，不要再相信别人是可以察觉到的，是可以明白的。

也不要把所有的关系，都搞得那么累。

有时候自己做了一些错事，一些自觉尴尬的事，就觉得无地自容，其实真没多少人在意。

只要你没有影响到别人，你随便做什么，都和他人无关。

其实想明白这件事情挺好的，你可以更加随心所欲地活着，一件事只要你想做，那就尽管去做，根本不用在意任何人的眼光，因为别人的眼光也不会在你身上。

我曾经特别在意一种唯一感，我在别人心中必须是独一无二的。但其实你只是对于自己是独一无二的。

我不会再生无用的气，更不会觉得谁对不起我，这个世界上根本不存在谁对不起谁。

我不在乎别人怎么对待我，我可以原谅。因为不在乎，所以才可以轻易原谅。大部分人最爱的都是自己，所以不要去考验人性。

你永远都是别人生命中的过客，所以请做好自己生命中的主角。

“如何快速地失去一个朋友？”
“借钱给他。”

见过太多“一旦借了钱就再也做不了朋友了”的朋友，在借钱这件事上“不要对自己的心胸太乐观”。

前阵子，一个曾蛮交心的朋友跟我借了几万块，最近到还款期了，结果短期内还不上了。

虽然这钱于他于我都不多，而且以他的吸金能力，应该一两个月就能周转开，但我们的兄弟友谊已然有了细微的裂痕。

朋友间是不能借钱的。

当情感关系扯上利益，原有的情感便不那么纯粹了，利益会对情感产生异化作用，简单说就是钱伤了感情。

金钱牵涉双方的利益阶层，如果打破了平衡，也就破坏了以往的关系。

随着借还关系的确定，两人间心理距离慢慢变远，可能借钱的时候还不明显，但还钱的时候一定能察觉到，一旦违约，债主这个时候就会受到金钱、情感的双重伤害。

正如犹太人的一句谚语说的那样：借钱给朋友等于花钱买敌人。

借钱很大程度上是一个风险和收益严重不成正比的事情，借钱给人家，假设对方用你借的钱发了大财，最多也就多还你一点定期利息而已，但是如果对方出现问题，你就血本无归了。

出问题的概率有多大？每个借钱的人都不会觉得自己会出问题，但是结果呢？结果就是有问题的时候，一切都来不及了。

所以，无论从什么角度来看，借钱绝对是一件你无论怎么算都不划算的事情，属于典型的风险无限、收益有限的事情。

谁做谁傻，真的。但是我们不得不承认，我们还经常会去做这种傻的事情。为什么？

本质上因为你是好人，当然换个说法是你脸皮薄。

如果你非要当冤大头，那么如何将损失降到最低呢？

借钱第一原则：时刻记住，必须是在你能力范围之内借钱，永远不要超越你的能力去对别人好。

借钱第二原则：与其借了钱还天天想着别人啥时候还钱，还多少钱，还不如假设所有借出去的钱都是要不回来的。

借钱第三原则：不要信“救急不救穷”的鬼话，急和穷不重要，能不能还上才重要。

我其实从来不相信世界上会有人因为我不借钱然后变得不好了，我们都没有自己想的那么重要。

任何时候，借钱最好的状态就是不影响你的生活，甚至包括心情，一旦生活和心情受了影响，那么你就会发现损失的不单单是钱，还有你宝贵的精力和宝贵的心情。

自己没钱，却看着别人用你的钱在花天酒地，那种心情，绝对是想打自己耳光的心情，这种心情你还是别尝试了。

这届年轻人，消费能力真心不行

成年的 00 后，宛如长江后浪来势汹汹。相比之下，80 后、90 后们则默默端起了保温杯，开始佛系养生。还不忘往保温杯里加俩枸杞，聊天话题也逐渐从旅游蹦迪变成了奶粉打折的消息。

从“女孩子一定要有这几支 YSL”到“618 不能错过的抽纸促销”的转变仿佛只用了一夜。本该最有活力的这一代年轻人，悄然之间捂住了自己的腰包。

有句话说得好：人到了一定岁数，就再也找不到躲雨的屋檐了，因为自己就是那个屋檐。

1. 人在江湖漂，哪能不挨刀。

最近天津抢人战役进入高潮，落户政策一天四变，虐得各路北漂心态爆炸，毕竟这恐怕是他们离成为北京人最近的一次。

北漂，一个苦涩的词。

尤其那些初来乍到的新人，他们除了要把将近一半的收入交给了房东和水电燃气通信公司之外，进了职场还需要被领导和客户虐，虽然啥也不会但也西装革履的，假装大人模样。

高跟鞋，雪纺衬衫得准备几套，粉底口红和睫毛膏是必备品，熬夜多了护肤品肯定得跟上，对了，还有包包肯定不能太差。周末和同事聚聚餐，偶尔奢侈一把吃个日料。

这么一通操作下来，年底回家前，才发现自己一分钱也没存下来，而且还欠着花呗几千块的分期。

想想上学那会儿，每个月2000块的生活费，逛街看电影过得美滋滋。如今拿了更多的工资，却穷得响叮当。

繁华的都市用五光十色的艳丽生活让我们留下，但是这些庞大的都市又仿佛一个巨大的黑洞，不停地吞噬年轻人创造出来的价值，稍不注意就会被城市吃干抹净。

最后除了徒增的年龄，我们什么也没剩下。

无论网络上如何鼓吹“享受当下”的消费主义言论，终究还是要在险恶的社会面前，为自己保留一点退路。

2. 账单，放慢一点你的脚步，等等贫穷的我们吧。

我大学时的舍友大头，几年前毕业后就回老家了，当了一名很光荣的人民教师。然而老师的称号虽然光荣，但是没几个钱赚。工薪阶层的父母，只能拿出大部分积蓄，勉强给他凑了买房首付，房奴称号get！

别装得无懈可击，
却活得软弱无力

后来，他父亲在即将退休的时候，倒在了工作岗位上，各种治疗费用，不仅掏空了家里所有的积蓄，还让他家欠下了一笔不小的债务。

热爱看球买球鞋的大头，再也没入手过新款的球鞋，连周末喝酒看球赛的习惯都戒了。

曾经十指不沾阳春水的少年，如今对菜市场的实惠果蔬了如指掌。

房贷和债务以及养家的开支，如同饥肠辘辘的饿狼，对大头的工资虎视眈眈，各种扣费信息，紧随着工资入账短信，最后只留下几个孤零零的余额。

生活的磨难接踵而至，我们不得不开始从孩子变成当家人，必须学会像一个大人一样，为了防范未来的意外和疾病而未雨绸缪。我们只能从光鲜亮丽的生活中脱离，回到炊烟袅袅的俗世中来，成为一个精打细算的实用主义者。

3. 当我们在囤纸巾的时候，我们在囤什么？

上周和几个老朋友聚了聚，女生们一反常态没有聊哪个牌子上了新款的包包，而是津津有味地讨论起了各种“白菜博主”，分享各种打折策略；而男生们似乎一夜之间，从科技产品发烧友，变成了居家小能手，认真地和兄弟们分享买房装修时的省钱策略。

最后男生女生们在同一件事上达成了共识——618 一起囤一拨儿纸

巾和洗衣液。

到处都在说消费升级、新中产，却只见物价与 GDP 齐飞，工资共土地一色。左眼看看工资条，右眼看看房贷和信用卡账单，愁；再想想准备要孩子了，更大的一笔开销压在心头，愁；孩子大了该上学了还得买个学区房，更愁。

花钱如一江春水向东流，挣钱如滴水穿石涓涓细流。

我们把海底捞换成呷哺呷哺，iPhone 换成华为小米，把原来的消费更多地换成了银行卡里的数字，换成了在动荡的经济面前，一点安身立命的保障。

看上去我们是在囤纸巾，其实我们囤的是对未来的保障。

从“嫌弃”父母不会享受生活，到自己变成同父母一样的储蓄派，我们这代年轻人，在经历了消费主义的鼓噪，经历了年少时期的轻狂，最后终于在生活的洗礼中清醒过来：原来生活除了远方的 AJ 和 LV，还有眼前的柴米油盐。

不得不说，长大真的挺没意思的，连快乐都裹着一层苦。

尤其是面对这该死的生活，你抱着糊弄它的心态吧，它也会糊弄你；可当你清醒了想认真地生活了，却发现它居然开始认真地糊弄你了。

一开始，你还假装努力一下，久而久之，索性习以为常了。

别装得无懈可击，
却活得软弱无力

与大多数人一样，从心比天高的无知与快乐，到愧不如人的奋斗与煎熬，再到毫无回报的愤懑与失望，最后在坦然自若的平凡和颓废中走过这一生。